KB260771

가전제품 3총사
요리를 부탁해

KI 신서 1394

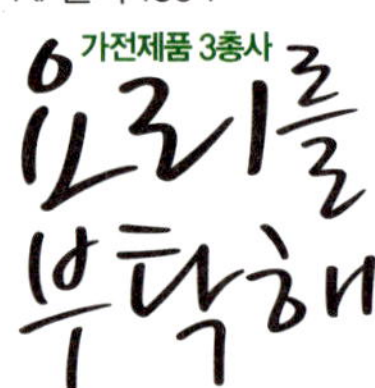

1판 1쇄 인쇄 2008년 6월 3일
1판 1쇄 발행 2008년 6월 9일

지은이 김은주(군침도는 은빈이네) **펴낸이** 김영곤 **펴낸곳** (주)북이십일 21세기북스
기획 · 진행 북케어(www.bookcare.net) **디자인** 올디자인 **마케팅** 주명석 **영업** 최창규
제품 협찬 동양매직(http://cafe.naver.com/magicovenlove), 쿠쿠(www.cuckoo.co.kr), 글라스락(www.glasslock.co.kr), 필립스(www.kitchen.philips.com)
출판등록 2000년 5월 6일 제10-1965호
주소 (우413-756) 경기도 파주시 교하읍 문발리 파주출판단지 518-3
대표전화 031-955-2100 **팩스** 031-955-2151 **이메일** book21@book21.co.kr
홈페이지 book21.com **커뮤니티** cafe.naver.com/21cbook

값 15,000원
ISBN 978-89-509-1453-0 13590

김은주(군침도는 은빈이네) 지음

21세기북스

Prologue:

요즘 우리 생활을 편리하게 해 주는 다양한 가전제품들이 많이 나와 있죠? 그 제품들을 이용해서 번거롭게 느껴지던 일들을 간단하게 해결할 수 있게 되었지만 편리하다는 이유로 모든 제품을 다 구입할 수는 없지요. 경제적인 것도 부담이 되지만 구입하고 나면 몇 번 못 쓰고 결국 집에 물건을 쌓아 두게 되더라고요. 무언가를 구입하기 전에 꼭 필요한지 다시 한 번 생각해 보고 우리 집에 꼭 필요한 제품을 구입한 후 그 제품이 갖고 있는 다양한 기능을 충분히 활용하는 것이 현명한 방법이 아닐까 싶어요.

제가 직접 빵과 케이크를 만들기 전에는 오븐을 잘 쓰지 않는 그릇들을 넣어 두는 수납장 역할로만 이용했었지요. 그러나 직접 요리를 만들기 시작하자 오븐이 맛있는 요리를 만들어 주는 훌륭한 도구라는 것을 알게 되었답니다. 어떤 분들은 오븐을 빵과 케이크, 쿠키를 굽는 용도로만 사용하는 거라고 알고 계실지도 모르겠어요. 오븐으로 밥도 지을 수 있을 뿐만 아니라 부침이나 구이 그리고 부담스러운 튀김 요리도 기름을 적게 사용해 부담 없이 만들 수 있답니다. 사실 저는 생선을 구울 때 오븐을 자주 사용하는데 생선 구이 전용 팬에 구웠을 때보다도 훨씬 만족하고 있어요. 아마 오븐으로 생선을 구워 보신 분들은 제 생각에 동의하실 거라고 생각해요.^^ 이렇게 조금만 관심을 가지고 다양한 기능을 활용하면 오븐 하나만으로도 충분히 여러 가지 맛있는 요리를 만드실 수 있어요.

또 4,000만의 가정에 모두 하나씩은 있는 전기밥솥을 얘기하자면요. 밥솥이 밥 짓는 데는 그 무엇보다 편리하지만 그 외에 다양한 요리도 가능하답니다. 밥솥으로 찜 요리를 만들어 보세요. 적정 시간을 설정하면 바닥이 타 버리는 일도 없고 재료에 간이 고루 배는 맛있는 찜 요리를 안전하게 만들 수 있어요. 오븐과는 약간 맛의 차이는 있지만 간단한 케이크를 만들 수도 있고요. 요즘 다양한 기능을 갖춘 똑똑한 밥솥들은 버튼 하나만으로 다양한 요리를 만들어 주기도 한답니다. 이 책에 있는 밥솥 요리를 하루에 한 가지씩 만들다보면 아마 집에 있는 밥솥이 달리 보일 거예요.

냉동실에 넣어 두었던 돌덩이 같은 밥을 2~3분이면 금방 지은 밥처럼 따끈하게 만들어주는 전자레인지도 참 편리한 가전제품 중 하나이죠. 아마 보통은 밥이나 고기 등을 해동하거나 찬 우유 등을 데우는 용도로 전자레인지를 많이 사용하는데요. 간혹 간편 메뉴에 있는 단축 버튼을 이용해서 달걀찜을 만들기도 하고 감자를 삶아 보기도 하지만 생각했던 것과 좀 다른 퍽퍽한 완성물을 보고 결국은 해동과 간편 데우기만 사용하는 단순한 도구로 이용하지는 않으셨나요? 전자레인지의 마이크로파에 대해 몇 가지만 알아 두면 전자레인지만으로도 손님상을 멋지게 차려낼 수 있답니다.

핵가족이나 혼자 생활하는 독신 가정의 경우에는 다른 어떤 제품보다 전자레인지가 요긴하게 이용되리라 생각돼요. 1~2인분 정도의 밥 짓기와 각종 조림, 구이도 어떤 제품보다 빠르게 완성할 수 있는 장점을 지녔거든요. 전자레인지를 이용하면 혼자 먹는 밥상도 큰 수고로움 없이 차릴 수 있답니다.

꼭 오븐이 있어야만 케이크를 만들 수 있는 게 아니고, 밥은 밥솥으로만 지어야 하는 게 아니며, 전자레인지는 몇 가지 단순한 기능을 이용하기 위해 존재하는 게 아니랍니다. 이 책을 참고로 해서 자신이 갖고 있는 제품에 대한 편견을 깨고 나에게 있는 제품으로 무엇이든 만들 수 있다는 자신감을 가지세요~.

오븐, 밥솥, 전자레인지를 이용한 요리책을 만들면서 제 자신이 가졌던 각각의 제품에 대한 편견도 많이 없어졌답니다. 오븐과 전자레인지로 만든 따끈따끈한 밥, 밥솥으로 만든 달콤한 케이크들…. 각 제품들로 요리를 만들면서 느꼈던 행복한 마음을 이 책을 보는 분들도 함께 느낄 수 있으면 좋겠어요.

새로운 주제로 책을 준비하며 공부할 기회를 주신 북케어와 21세기북스에 감사드리고 바쁜 와중에도 책 작업이 원활히 될 수 있도록 많은 도움을 준 남편에게도 고맙다는 말을 전하고 싶습니다. 또 바쁘고 힘들다는 핑계로 작업 동안 소홀해진 저의 블로그에 항상 관심을 갖고 찾아 주시는 우리 이웃 분들 감사합니다. 이웃 분들의 격려와 관심이 저에게는 큰 힘이 된답니다.

2008년 따스한 햇살이 비추는 봄날
김은주

Contents :

Rice Cooker 밥솥 : 

Microwave Oven 전자레인지 :

Oven 오븐 :

어려운 요리도 척척 만드는 오븐 만세!

계량하기

이 책에 쓰인 계량은 1큰술 15ml, 1작은술 5ml, 1컵 200ml를 기준으로 합니다.

Part 1

Rice cooker

밥솥이 제일 잘 만드는 **밥과 죽**

밥솥으로 만드는 **반찬과 일품요리**

밥솥을 200% 활용하는 **베이킹**

Rice Cooker Story : 

밥솥의 설치와 사용상 주의점

1 취사가 완료되면 밥솥 뚜껑 위쪽의 증기 배출구를 통해서 뜨거운 증기가 배출됩니다. 증기가 배출될 때는 제품에서 어느 정도 거리를 두어야 해요. 특히 아이들이 화상을 입기 쉬우므로 아이들의 손이 닿지 않는 곳에 설치하는 게 좋겠죠. 또 위가 막혀 있는 선반에 올려 놓을 경우 증기에 의해 선반과 제품 모두 손상을 입게 되므로 위가 뚫려 있는 곳에 설치하거나 선반을 앞쪽으로 뺄 수 있는 경우 증기 배출 시에는 선반을 빼 주는 게 좋아요.

2 밥솥의 경우 크기와 제품에 따라 차이가 좀 있지만 대략 1100~1600W 정도의 소비 전력이 필요하기 때문에 한 콘센트에 소비 전력이 큰 여러 제품을 꼽아 놓고 쓰지 않는 게 좋아요. 예를 들어 한 콘센트에 밥솥, 오븐, 전자레인지를 모두 꼽고 한꺼번에 작동시킬 경우 과부하가 될 수 있어요.

3 밥솥은 되도록 바닥이 평평한 곳에 놓고 사용하고 물기가 많은 싱크대나 뜨거운 열기구 주변에서는 감전이나 화재를 일으킬 수 있으므로 유의하세요.

4 밥솥의 용량에 따라 정해진 분량 이하로만 내용물을 넣고 사용하세요. 내용물이 정해진 용량보다 많으면 취사 중 넘쳐서 제품 고장의 원인이 될 수 있어요.

5 취사 중에 작동을 취소할 경우 내부에 압력이 남아 있으므로 강제로 뚜껑을 열지 말고 취소 버튼을 눌러 내부의 증기를 충분히 빼 준 후 밥솥 뚜껑을 열어 주세요.

밥솥 깨끗하게 사용하기

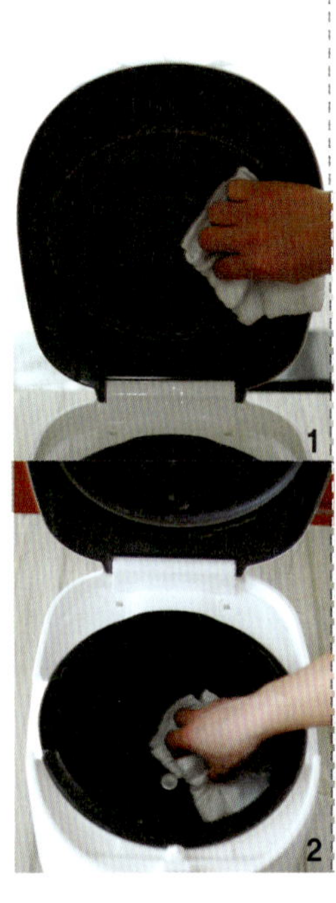

1 내솥의 뚜껑 부분은 취사 후 물기가 있을 경우 마른 행주로 물기 없이 닦아 주어야 냄새가 나는 것을 방지할 수 있어요.

2 밥솥을 들어낸 바닥에는 센서등이 있어 이물질이 묻어 있으면 제품의 제기능을 발휘할 수 없어요. 취사 후 밥솥이 식은 상태에서 물기가 있는 행주로 살살 닦아 주세요.

3 밥솥을 이용하면 평소 번거롭던 찜 요리 등을 간편하게 만들 수 있어 자주 이용하게 될 거예요. 그런데 이런 요리들을 만든 후에는 밥솥을 깨끗하게 닦아 주어야 다음에 밥을 지을 때 냄새가 배어 들지 않아요.

4 청소를 할 때는 전원 플러그를 뽑고 밥솥이 어느 정도 식은 후에 하세요.

5 내솥은 꺼내서 부드러운 수세미나 스펀지에 중성 세제를 묻혀서 닦은 후 헹궈서 물기를 깨끗이 말려 밥솥에 넣으면 돼요.

6 따로 물받이가 있는 제품도 있지만 뚜껑을 따라 흘러 내린 물은 마르기 전에 행주나 키친타월을 이용해 닦아 주세요.

맛있는 밥 짓기

맛있는 밥을 짓기 위해서는 우선 쌀을 씻고 불리는 게 중요해요.

1 쌀 씻기

쌀에 물을 붓고 손바닥으로 부드럽게 문질러 씻어 버리면서 쌀이 비칠 정도의 맑은 물이 나올 때까지 헹군 후 물을 넉넉히 붓고 30분 정도 불려주는 게 좋아요. 쌀을 너무 오래 불리면 조직이 물러져서 단맛이 빠지므로 30분 정도 담가 불린 후 체에 밭쳐서 물기를 빼 주세요.

계절에 따라 쌀을 불리는 시간이 좀 달라지는데요, 여름에는 30분, 겨울에는 1시간 정도 불려 주세요. 현미의 경우 첫물을 빨리 흡수해요. 간혹 밥을 지었을 때 좋지 않은 냄새가 난다면 수돗물보다는 생수를 이용해 쌀을 씻어 주는 게 좋습니다.

2 밥물 잡기

전기밥솥으로 밥을 지을 때는 쌀과 동량으로 밥물을 잡고 쌀을 불리지 못한 경우 쌀의 1.2배 정도의 물을 부어 주면 됩니다.

혹 야외로 나가 코펠을 이용해서 밥을 지을 경우에는 쌀의 1.3배 정도로 밥물을 잡아 주는 게 적당합니다. 햅쌀의 경우에는 수분을 많이 함유하고 있으므로 보통 밥을 지을 때보다 밥물을 적게 잡고 반대로 묵은쌀의 경우에는 밥물을 넉넉하게 잡아 주는 게 좋아요.

3 잡곡이나 야채를 이용해 맛있는 밥 짓기

● 야채밥

야채에서는 수분이 많이 나오므로 콩나물 등의 야채를 넣어 밥을 지을 때는 바닥에 야채를 깔고 평소보다 적게 밥물을 잡아 주세요.

푸른 잎 채소는 살짝 데친 후 뜸 들일 때 위에 얹어 주고 감자나 고구마는 물에 담가 전분기를 제거한 후 밥을 지어야 해요.

● 해물밥

해물은 재료에 밑간을 해서 잡내를 제거한 후에 사용해야 해요.

바지락이나 홍합, 오징어, 새우 등은 살짝 데치거나 볶아서 사용해 주세요.

● 잡곡

잘 익지 않는 율무나 녹두 등은 한 번 삶아서 넣는 것이 좋아요.

흑미는 백미의 10~20% 정도 섞는 게 맛도 좋고 보기에도 좋답니다.

● 육류밥

쇠고기나 돼지고기를 넣는 경우 먼저 핏물을 제거하고 밑간을 한 후 살짝 볶아 이용하세요.

콩나물영양밥

식사 준비하려고 냉장고 문을 열었는데 반찬거리는 마땅치 않고 장 보러 갈 시간도 없을 때 어떻게 하세요? 그럴 땐 냉장고 구석구석을 뒤져 보세요. 냉동실 구석에 있던 고기와 먹다 남은 버섯, 채소 등을 모아모아서 영양밥으로 근사하게 변신시켜 보세요.

쌀 1+1/2컵, 찹쌀 1/2컵, 콩나물 80g, 물 1+1/2컵, 표고버섯 2장, 당근 1/4개, 쇠고기(불고기용) 50g, 볶음용 조림장 1큰술,
소금 · 참기름 약간씩
양념장 간장 2큰술, 설탕 · 고춧가루 1작은술씩, 다진 마늘 · 참기름 1/2작은술씩, 다진 파 1큰술, 깨 약간

1 쌀과 찹쌀을 섞어서 씻은 후 30분~1시간 정도 불려 두었다가 체에 밭쳐서 물기를 빼 주세요.

2 콩나물을 깨끗이 씻어 다듬은 후 냄비에 넣어 주세요. 콩나물을 넣은 냄비에 물을 붓고 뚜껑을 닫아 삶아 주세요.

3 삶은 콩나물은 체에 밭쳐 물기를 빼고, 콩나물 삶은 물은 버리지 말고 모아 두세요.

4 표고버섯은 기둥을 떼고 모양을 살려 채 썰고, 당근은 껍질을 벗긴 후 가늘게 채 썰어 주세요. 쇠고기는 불고기용으로 준비해서 채 썰어 주세요.

5 팬에 참기름을 약간 두르고 표고버섯과 당근, 쇠고기를 넣고 살짝 볶아 주세요. 고기가 익기 시작하면 볶음용 조림장과 소금, 참기름을 넣고 잘 섞으면서 볶아 주세요.

6 밥솥에 볶아 놓은 고기와 당근, 표고버섯을 넣고 그 위에 불려 놓은 쌀을 부어 주세요.

7 콩나물 삶은 물을 부어 밥물을 잡아 주세요.

8 숟가락으로 고루 섞은 후 취사 버튼을 눌러 밥을 지어 주세요. 밥이 뜸이 들면 콩나물을 넣고 저어서 고루 섞어 주세요.

9 작은 볼에 양념장 재료 분량을 모두 넣고 섞어서 양념장을 만들어 밥과 함께 비벼 드세요.

발아현미해물밥

생활이 어려웠던 예전에는 하얀 쌀밥을 먹는 게 소원이었는데, 이제는 건강을 생각하는 웰빙 먹거리가 각광 받는 시대가 되었어요. 흰 쌀밥보다는 잡곡밥, 현미밥이 관심을 받고 있죠. 발아현미는 현미와 백미의 단점을 보완해서 소화도 잘되고 영양분도 풍부하다고 해요. 이제 웰빙 밥상 차려 보실래요?

발아현미 2컵, 모시조개 70g, 홍합 80g, 물 2컵, 칵테일 새우 40g, 대파 1/2대, 청주 1큰술
양념장 간장 2큰술, 다진 마늘 · 참기름 1/2작은술씩, 다진 파 1작은술

1 발아현미는 싹이 떨어지지 않도록 살살 흔들어 씻어 30분~1시간 정도 불려 주세요.

2 씻어서 불린 발아현미는 체에 밭쳐서 물기를 빼 주세요.

3 깨끗하게 닦은 모시조개와 홍합, 대파를 냄비에 넣고 물을 넣은 후 모시조개와 홍합이 입을 벌릴 때까지 끓여 주세요.

4 삶은 홍합과 모시조개는 체에 밭치고, 삶은 국물은 따로 모아 주세요. 칵테일 새우는 끓는 물에 살짝 데쳐 물기를 빼 주세요.

5 삶은 국물은 고운 체에 한 번 걸러 주세요.

6 냄비에 발아현미를 담고 체에 걸러둔 국물을 부어 밥물을 잡아 주세요. 청주 1큰술을 넣어 조개류의 비린내를 없애요.

7 칵테일 새우, 삶아 둔 홍합과 모시조개를 발아현미 위에 얹어 주세요.

8 밥솥을 넣고 잡곡 기능을 선택한 후 취사 버튼을 눌러 밥을 지어 주세요.

9 양념장 분량을 섞어 양념장을 만든 후 발아현미해물밥과 곁들여 내 주세요.

시래기멸치볶음밥

어릴 적엔 그 맛을 몰랐다가 나이 들수록 참맛을 느끼게 되는 것들이 있죠? 저에게는 시래기가 그 중 하나예요. 어릴 땐 할머니가 시래기로 국을 끓여 주시면 수저를 들고 멀뚱하니 앉아만 있었더랬지요. 하지만 지금은 누구보다도 시래기의 구수한 맛을 좋아해요. 그땐 왜 이 맛을 몰랐나 모르겠어요. 이제 시래기로 구수한 볶음밥을 만들어 볼까요?

쌀 1+1/2컵, 혼합 잡곡 1/2컵, 시래기 50g, 잔멸치 20g, 대파 1/2대, 고추기름 1큰술, 소금 · 후춧가루 약간씩

1 말린 시래기는 물에 담가서 하룻밤 동안 불려 주세요.

2 냄비에 물을 넉넉히 넣고 불린 시래기를 담고 부드러워질 때까지 삶은 후 물기를 빼 주세요.

3 쌀과 혼합 잡곡을 섞어 씻어 불린 후 물기를 빼고 밥솥에 넣어 주세요. 평소보다 밥물을 좀 적게 잡아 된밥을 지어 주세요.

4 삶아서 물기 뺀 시래기를 송송 썰어 주세요.

5 접시에 키친타월을 깔고 잔멸치를 올린 후 전자레인지에 40초 정도 돌려서 수분을 날려 바삭한 상태로 만들어 주세요.

6 대파는 모양을 살려 송송 썰어 주세요.

7 팬에 고추기름을 뿌려서 달궈 주세요.

8 팬에 잔멸치와 대파를 넣고 잘 섞으면서 볶아 주세요.

9 썰어 둔 시래기를 넣고 함께 볶아 주세요. 준비된 잡곡밥을 넣고 함께 볶다가 소금과 후춧가루를 뿌려서 간을 맞춰 주세요.

부추비빔밥

대구로 이사온 후 무슨 뜻인지 몰라 헤맸던 게 바로 정구지에요. 정구지로 지짐을 만들어 먹으면 맛있다
는 말을 들었는데 정구지가 뭔지 몰랐어요. 알고 보니 부추를 경상도에서는 정구지라고 부르더라구요. 이
제는 부추보다 정구지가 훨씬 정겹게 들리는 거 있죠. 천연 자양강장 채소인 정구지를 듬뿍 올려 쓱쓱 비
벼 먹는 비빔밥 어떠세요?

쌀 2컵, 물 2컵, 부추 50g, 양파 1/3개, 게맛살 1개, 사과 1/3개
무침장 국간장 · 참기름 1작은술씩, 멸치액젓 · 다진 마늘 1/2작은술씩, 고춧가루 1큰술, 깨소금 약간

1 쌀을 깨끗이 씻어 불린 후 체에 밭쳐서 물기를 빼 주세요.

2 밥솥에 쌀을 넣고 밥물을 맞춘 후 밥을 지어 주세요.

3 부추는 볼에 넣고 물을 받아 살살 흔들어 씻은 후 4~5cm 길이로 잘라 주세요. 양파는 곱게 채 썰고 게맛살은 손으로 세로로 찢어 주세요.

4 작은 볼에 무침장 재료를 모두 넣고 고루 섞어 주세요. 큰 볼에 부추와 양파를 넣고 무침장을 넣어 살살 버무려 섞어 주세요.

5 사과는 껍질째 깨끗이 씻은 후 곱게 채 썰어 준비해 주세요.

6 그릇에 밥을 담고 그 위에 무쳐둔 부추와 양파 그리고 사과와 게맛살을 얹어 주세요.

부추장떡

부추 100g, 애호박 1/3개
반죽 달걀 1개, 물 150ml, 부침가루 1+1/2컵, 고추장 1큰술, 된장 1작은술

1 부추를 깨끗이 씻어 다듬은 후 4~5cm 길이로 잘라 주세요.
2 애호박도 부추 길이에 맞춰 채 썰어 주세요.
3 볼에 달걀과 물을 넣어 섞은 후 부침가루를 넣고 젓다가 고추장과 된장을 넣고 잘 섞어 반죽을 만들어 주세요.
4 반죽에 부추와 애호박을 넣고 고루 섞어 주세요.
5 팬에 기름을 두르고 반죽을 떠서 앞뒤로 노릇하게 구워 주세요.

닭고기감자채소우유밥

예전에 밥에 우유를 부어 말아 먹는 사람을 본 적 있는데 과연 무슨 맛일까 궁금했어요. 평소 우유를 좋아
하지만 밥에 말아 먹는 걸 시도해 본 적은 없거든요. 그래서 이번에는 좀 과감히 시도해 봤어요. 우유로
밥물을 잡아 지은 우유밥! 밥이 지어지는 동안 고소한 향이 온 집안에 솔솔 퍼져요.

닭(가슴살) 2조각, 냉동 모둠 채소(당근, 그린빈, 옥수수, 완두) 90g, 감자 1/2개, 쌀 2컵, 우유 2컵, 볶음용 기름 약간
밑간용 우유 1+1/2컵

1 쌀은 깨끗이 씻어 물에 1시간 정도 불린 후 체에 받쳐 물기를 빼 주세요.

2 닭 가슴살은 힘줄 부분을 제거하고 잘게 잘라 주세요.

3 밑간용 우유에 잘게 자른 닭 가슴살을 잠기도록 넣고 20~30분간 재워 두세요.

4 냉동 모둠 채소는 끓는 물을 끼얹어 녹인 후 체에 받쳐 물기를 빼 주세요.

5 감자는 껍질을 벗기고 닭 가슴살과 비슷한 크기로 썰어 주세요.

6 팬에 기름을 약간 두르고 모둠 채소와 감자, 닭고기를 넣고 채소가 살짝 익을 정도로 볶아 주세요.

7 밥솥에 쌀과 볶은 닭고기, 모둠 채소, 감자를 넣고 숟가락으로 고루 섞어 주세요.

8 우유를 넣어 밥물을 잡고 취사 버튼을 눌러 밥을 지어 주세요.

고구마쇠고기밥

달콤한 고구마는 겨울철 최고의 간식 중 하나죠? 이제 밥을 지을 때 고구마를 넣어 보세요. 우리가 먹던 밋밋한 밥이 달콤하게 변신한답니다. 그렇다고 고구마만 골라서 드시면 안돼요!

고구마 200g, 쇠고기 80g, 참기름 1큰술, 쌀 2컵, 물 2컵
양념 진간장 1큰술, 설탕 1작은술, 후춧가루 약간

1 쌀을 깨끗이 씻어 30분~1시간 정도 불린 후 체에 받쳐 물기를 빼 주세요.

2 고구마는 껍질째 씻은 후 잘게 잘라 주세요.

3 쇠고기를 가늘게 채 썰어 주세요.

4 작은 볼에 양념 분량을 모두 넣고 섞어 주세요.

5 볼에 채 썬 쇠고기와 양념을 넣고 조물조물 무쳐서 재워 주세요.

6 팬에 참기름을 두르고 재워 두었던 쇠고기를 볶아 주세요.

7 잘게 썬 고구마를 ⑥에 넣고 함께 볶아 주세요.

8 밥솥에 쌀을 넣고 볶은 쇠고기와 고구마를 넣어 숟가락으로 고루 섞어 주세요.

9 물을 부어 밥물을 맞춘 후 취사를 눌러 밥을 지어 주세요.

모둠버섯아몬드밥

저는 고기를 못 드시는 분이 계실 때 고기 대신 버섯을 이용해서 음식을 해요. 버섯의 쫄깃한 맛이 고기 못지않답니다. 고기보다 훨씬 저렴한 버섯으로 건강한 요리 만들어 보세요.

쌀 2컵, 멸치 다시마 국물 2컵, 새송이버섯 1개, 팽이버섯 1/2봉지, 양송이버섯 1개, 느타리버섯 1줌, 아몬드 50g, 은행 10알, 볶음용 기름 · 소금 약간씩

1 쌀을 깨끗이 씻어 30분~1시간 정도 불린 후 체에 받쳐 물기를 빼 주세요.

2 새송이버섯은 모양을 살려 편으로 썬 후 굵게 채 썰고 팽이버섯은 밑동을 잘라 주세요. 양송이버섯은 모양을 살려 썰고 느타리버섯은 손으로 찢어 주세요.

3 아몬드는 행주로 가볍게 닦아 주세요.

4 시판 멸치 다시마 국물 팩을 넣고 다시 국물을 끓여 2컵 분량을 준비해 주세요.

5 은행은 기름을 두른 팬에 소금을 약간씩 뿌리면서 볶아서 껍질을 벗겨 주세요.

6 밥솥에 쌀을 넣고 그 위에 멸치 다시마 국물을 제외한 모든 재료를 넣어 주세요.

7 준비해 둔 멸치 다시마 국물을 부어서 밥물을 맞춰 주세요.

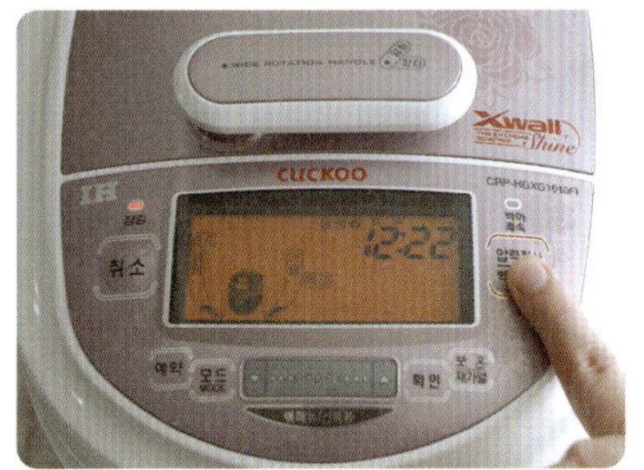

8 밥솥의 메뉴 중 백미를 선택하고 취사 버튼을 눌러 밥을 지어 주세요.

무나물비빔밥

만사가 귀찮은 날에는 반찬 하나로 한 끼를 해결할 수 있다면 더할 나위 없이 좋겠죠? 혹시 찌개나 조림에 이용하고 남은 무가 있다면 오늘은 무나물비빔밥으로 간단하게 한 끼 식사를 해결해 보세요. 영양가도 있고 맛도 일품이에요.

쌀 1+1/2컵, 찹쌀 1/2컵, 물 2컵, 들기름 1큰술, 무 150g, 맛술 1작은술, 소금 약간, 다진 마늘 1큰술, 잘게 썬 쪽파 2큰술, 깨소금 약간

양념장 간장 2큰술, 설탕 · 고춧가루 1작은술씩, 다진 마늘 · 참기름 1/2작은술씩, 다진 파 1큰술, 깨 약간

1 쌀과 찹쌀을 섞어서 씻어 불린 후 체에 받쳐 물기를 빼 주세요.

2 밥솥에 불린 쌀과 찹쌀을 넣고 물을 부어 밥물을 맞춘 후 밥을 지어 주세요.

3 무는 깨끗이 씻은 후 곱게 채 썰어 주세요.

4 팬을 달군 후 들기름을 두르고 채 썬 무를 넣고 볶아 주세요.

5 무가 살짝 익으면 맛술과 소금을 뿌려서 볶아 주세요.

6 팬의 뚜껑을 덮어 1분 정도 그대로 삶은 후 뚜껑을 열고 무가 투명해질 때까지 볶아 주세요.

7 무가 투명해지면 다진 마늘과 잘게 썬 쪽파, 깨소금을 넣고 고루 섞으며 살짝 볶은 후 불에서 내려 주세요.

8 따뜻한 밥을 공기에 담고 무나물을 밥 위에 얹어 주세요.

9 양념장 재료를 모두 섞어 양념장을 만들어 무나물 밥과 함께 내 주세요.

지라시초밥

새콤한 배합 초로 버무린 초밥에 집에 남은 채소들을 넣어 만든 지라시 초밥은 나들이 도시락으로 준비해도 좋아요. 특히 더운 여름에는 밥이 쉽게 상할 수 있는데 이때 배합초에 버무린 초밥을 이용하면 밥이 쉽게 상하지 않아요.

쌀 2컵, 물 1+1/2컵, 청피망 · 주황색 피망 1/2개씩, 양파 1/3개, 크래미 1개, 통조림 옥수수 3큰술, 달걀 1개, 소금 · 볶음용 기름 약간씩

배합초 식초 2큰술, 설탕 1큰술, 소금 1작은술

1 쌀을 깨끗이 씻어 불린 후 밥솥에 넣고 물을 평소보다 적게 부어 주세요.

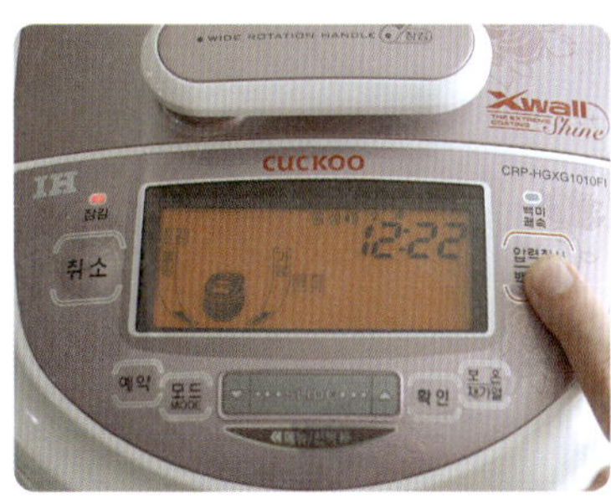

2 취사 버튼을 눌러 밥을 지어 주세요.

3 작은 냄비에 배합초 분량의 재료를 넣고 식초 향이 날아가도록 약한 불에서 살짝만 끓여 주세요.

4 양파와 청피망, 주황색 피망은 잘게 잘라 팬에 기름을 약간 두르고 볶아 주세요.

5 통조림 옥수수는 물기를 빼고 크래미는 손으로 잘게 찢어서 준비해 주세요. 달걀에 소금을 약간 넣고 거품기로 잘 풀어 주세요.

6 달구어진 팬에 달걀을 넣고 젓가락으로 휘저으면서 익혀 주세요.

7 따뜻한 밥에 배합초를 넣고 고루 섞어 주세요.

8 초밥에 볶아 놓은 채소와 옥수수, 크래미, 볶아 놓은 달걀을 넣고 잘 섞어 주세요.

9 초밥 틀에 밥을 눌러 담아 모양을 잡아 꺼낸 후 접시에 담아 내세요.

김치북어국밥

꽁꽁 언 몸을 녹여 줄 뜨끈한 국밥 한 그릇의 행복! 북어와 콩나물이 듬뿍 들어가서 술 드신 다음날 해장국으로도 좋답니다. 콩나물에는 뇌세포에 산소 공급을 원활히 하는 성분이 들어 있어 맑은 머리를 유지하는 데 도움을 준답니다. 애주가뿐만 아니라 수험생 여러분도 콩나물에 관심 가져 주세요.

쌀 2컵, 물 2컵, 북어포 40g, 배추김치 150g, 콩나물 60g, 멸치 다시마 국물 3컵, 다진 마늘 · 참기름 1작은술씩, 대파 1대, 소금 약간

1 쌀을 씻어 물에 불린 후 밥솥에 넣고, 물을 부어 밥물을 잡은 다음 취사 버튼을 눌러 밥을 지어 주세요.

2 북어포는 잘게 찢어서 물에 담가 부드럽게 불린 후 마른행주에 닦아 물기를 제거해 주세요.

3 배추김치는 속을 약간 털어내고 잘게 잘라 주세요.

4 콩나물은 다듬어서 깨끗이 씻어 물기를 빼 주세요.

5 냄비에 참기름을 두르고 북어포와 다진 마늘을 넣어 볶아 주세요.

6 냄비에 멸치 다시마 국물을 붓고 3~4분간 끓여 주세요.

7 국물이 진하게 우러나면 잘라 둔 김치를 넣고 김치가 푹 익도록 끓여 주세요.

8 김치가 익으면 콩나물을 넣고 숨이 죽을 때까지 끓여 주세요.

9 어슷하게 썬 대파를 넣고 소금으로 간을 맞춘 후 밥과 함께 내 주세요.

동남아식 게살 해물 볶음밥

매일 먹는 밥이지만 몇 가지 재료만 신경 쓰면 평소와 다른 분위기를 낼 수 있어요. 비행기 타고 멀리 떠나지 않아도 집에서 즐길 수 있는 동남아식 볶음밥! 바다 건너라고는 제주도밖에 못 가봤지만 오늘만은 집에서 동남아 분위기를 내 보고 싶어요.

쌀 1+1/2컵, 혼합 잡곡 1/2컵, 물 2컵, 크래미 2개, 양파 1/4개, 청·홍고추 1개씩, 냉동 모둠 해물(오징어, 새우, 주꾸미, 조개류) 1줌, 슬라이스 파인애플 2쪽, 달걀 1개, 피시소스 1큰술, 소금·후춧가루·볶음용 기름 약간씩

1 쌀과 혼합 잡곡을 섞은 후 깨끗이 씻어 불려 주세요. 불린 후 체에 밭쳐 물기를 빼 주세요. 밥솥에 쌀을 넣고 물을 넣어 밥물을 잡은 후 잡곡 기능을 이용해 밥을 지어 주세요.

2 크래미는 손으로 잘게 찢어 주세요. 양파는 굵게 다지고 청·홍고추는 어슷하게 썰어 씨를 빼 주세요.

3 냉동 해물은 끓는 물에 살짝 데친 후 물기를 제거하고 파인애플은 한입 크기로 잘라 주세요.

4 팬에 기름을 약간 두르고 양파와 청·홍고추 그리고 파인애플을 넣고 센 불에서 볶아 주세요.

5 볼에 달걀을 넣고 소금을 약간 뿌린 후 거품기로 풀어 주세요.

6 달걀을 ④에 넣고 젓가락으로 휘저으면서 함께 볶아 주세요.

7 데쳐 놓은 해물들을 넣고 함께 볶아 주세요.

8 잡곡밥을 넣어 나머지 재료들과 고루 섞으면서 센 불에서 볶아 주세요.

9 피시소스를 넣은 후 고루 섞으면서 볶다가 소금과 후추로 부족한 간을 해 주세요.

단호박죽

노란 단호박은 몸을 따뜻하게 해주고 감기를 예방해 줘서 추운 겨울에 가족 모두 함께 드시면 좋아요. 그리고 흔히 버리게 되는 호박씨에는 필수 아미노산이 듬뿍 들어 있대요. 이제 그냥 버리지 마시고 씻은 후 팬에 볶아 드셔 보세요. 주부들의 건망증과 자녀들의 학습능력 향상에도 도움이 될 거에요.

단호박 300g, 물 2+1/2컵, 불린 팥 3큰술, 설탕 · 밀가루 1큰술씩, 소금 약간

1 단호박은 랩을 씌워 전자레인지에 넣고 700W에서 3~4분간 가열해 주세요.

2 단호박은 랩을 벗기고 반으로 갈라 씨와 껍질을 제거한 후 잘게 잘라서 준비 하세요.

3 냄비에 단호박을 넣고 물을 부은 후 단호박이 물러질 때까지 삶아 주세요.

4 삶아진 단호박과 단호박 삶은 물을 믹서에 모두 넣고 곱게 갈아 주세요.

5 냄비에 팥을 넣고 물을 넉넉히 넣어 중간 불에서 삶다가 한 번 끓어오르면 물을 따라 버리고 새 물을 부어서 물러질 때까지 삶아 주세요.

6 푹 삶아진 팥을 체에 밭쳐서 물기를 빼 주세요.

7 갈아 놓은 단호박을 밥솥에 넣고 삶은 팥을 넣어 주세요. 단호박에 밀가루를 1큰술과 설탕을 넣어 주세요.

8 거품기를 이용해 밀가루가 덩어리지지 않도록 잘 저어 섞어 주세요.

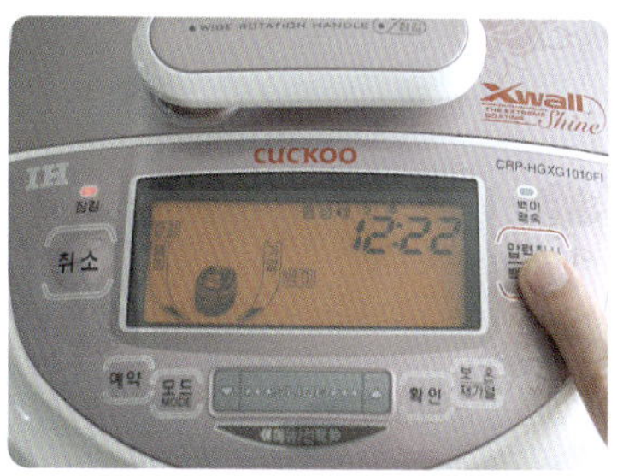

9 밥솥에 넣고 취사 버튼을 눌러 주세요. 죽이 완성되면 먹기 직전에 소금으로 간을 맞추세요.

발아현미채소죽

부드러운 죽으로 지친 속을 달래고픈 날이 있잖아요. 흰죽도 좋지만 발아현미를 이용해서 영양까지 듬뿍
담은 발아현미죽을 준비해 보세요. 지쳐 있던 몸과 마음이 금방 원기를 되찾게 될 거예요.

발아현미 1/2컵, 브로콜리 50g, 냉동 모둠 채소(당근, 그린빈, 옥수수, 완두) 30g, 양파 1/4개, 물 2컵, 소금 약간

1 발아현미는 싹이 떨어지지 않도록 살살 흔들어 씻어 30분~1시간 정도 불려 주세요.

2 씻어서 불린 발아현미는 체에 밭쳐서 물기를 빼 주세요.

3 블랜더에 발아현미와 물 1/2컵 정도를 넣고 살짝만 갈아 주세요.

4 브로콜리는 송이송이 자른 후 소금을 약간 넣은 끓는 물에 데쳐서 물기를 빼 주세요.

5 양파와 모둠 채소는 잘게 다져 주세요.

6 블랜더에 모둠 채소와 데친 브로콜리를 넣고 가볍게 갈아 주세요.

7 밥솥에 현미와 양파, 살짝 간 모둠 채소, 브로콜리를 넣고 고루 섞어 주세요.

8 분량의 물을 부은 후 취사 버튼을 눌러 주세요.

돼지갈비김치찜

요즘 김치냉장고가 집집마다 있어 집에서도 맛 좋은 묵은지를 만들어 드시는데요, 묵은지는 그 무엇보다 돼지고기가 잘 어울리는 것 같아요. 돼지갈비를 더 맛있게 해 주는 시큼한 묵은지로 환상의 찜요리를 준비해 보세요. 남편의 퇴근시간이 빨라진답니다.

돼지갈비 400g, 대파 1대, 월계수 잎 2장, 통후추 1/2작은술, 통마늘 5개, 청주 1큰술, 묵은지 300g, 양파 1/3개, 청 · 홍고추 1개씩
찜 양념 간장 2큰술, 설탕 · 다진 파 · 고춧가루 1큰술씩, 다진 마늘 · 참기름 1작은술씩, 다진 생강 1/4작은술

1 돼지갈비는 찜용으로 준비해서 찬 물에 담가 핏물을 빼 주세요.

2 냄비에 물을 넣고 대파, 월계수 잎, 통후추, 통마늘, 청주를 넣고 끓이다가 물이 끓기 시작하면 핏물을 뺀 돼지갈비를 넣어 5분 정도 삶아 주세요.

3 삶아진 돼지갈비를 체에 받쳐서 물기를 빼 주세요.

4 묵은지를 4~5cm 폭으로 큼직하 게 잘라 주세요.

5 양파는 채 썰고 청 · 홍고추는 어 슷하게 잘라 주세요.

6 작은 볼에 찜 양념 재료를 모두 섞어 양념을 만들어 주세요.

7 솥에 돼지갈비와 묵은지, 양파, 청 · 홍고추를 모두 넣어 주세요.

8 찜 양념을 부어 고루 섞어 주세요.

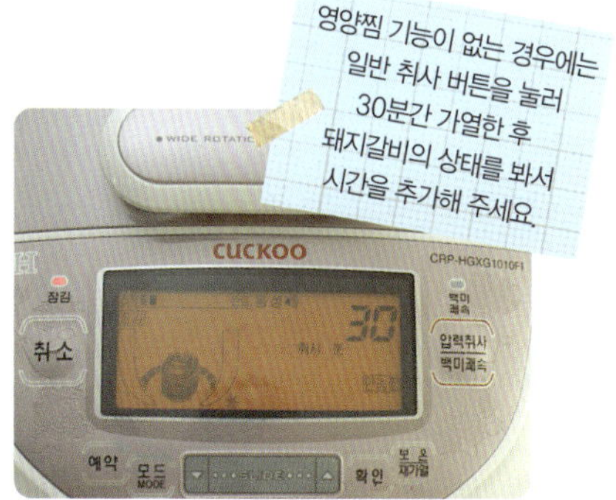

9 밥솥의 영양찜 기능을 이용해 30 분간 쪄 주세요.

꿀간장소스바비큐립

처음 패밀리레스토랑에 갔을 때 먹었던 게 바비큐립이었는데 돼지갈비의 새로운 맛에 빠져서 한동안 패밀리레스토랑 고정 메뉴 중 하나였어요. 결혼하고 집에 오븐을 들여놓은 후 제일 먼저 야심차게 만들어봤던 게 바로 이 바비큐립이에요. 집에서 싸고 푸짐하게 그리고 가족들 입맛에 딱 맞춘 맛있는 바비큐 립을 만들어 먹을 수 있게 되다니. 이제 패밀리레스토랑에 안 가도 될 거 같아요.

립 350g
초벌 양념 간장 · 맛술 1큰술씩, 후춧가루 약간
꿀간장소스 간장 2큰술, 설탕 · 꿀 1큰술씩, 맛술 · 다진 마늘 · 깨소금 1작은술씩, 생강즙 1/2작은술, 후춧가루 약간

1 립을 찬물에 30분 정도 담가서 핏물을 제거해 주세요.

2 작은 볼에 초벌 양념 재료를 넣고 모두 섞어 주세요.

3 핏물을 뺀 립에 초벌 양념을 발라 1시간 정도 재워 주세요.

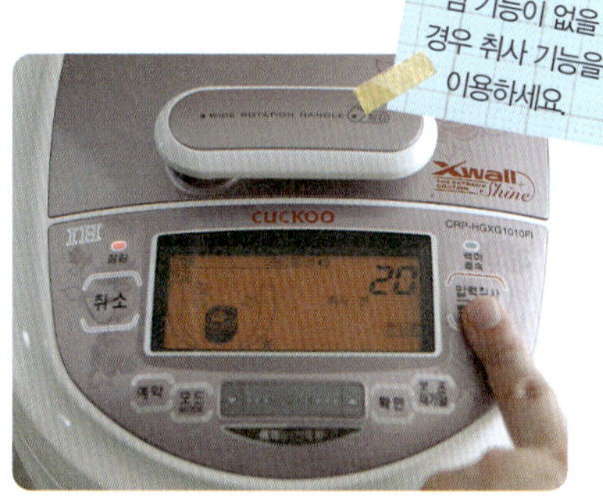

4 초벌 양념에 재운 립을 밥솥에 넣고 찜 기능을 이용해 20분 정도 쪄 주세요.

5 볼에 꿀간장소스 재료를 모두 섞어 꿀간장소스를 만들어 주세요.

6 오븐용 바트에 삶은 립을 넣고 꿀간장소스를 발라 1시간 정도 재워 주세요.

7 꿀간장소스에 재워 둔 립을 200℃로 예열된 오븐에 넣어 주세요.

8 200℃로 예열된 오븐에서 20분 정도 구워 주세요. 굽는 중간 남은 꿀간장소스를 1~2번 정도 바르면서 구워 주세요.

버섯잡채

잔치에 빠지지 않는 음식 중 하나가 잡채인데요, 주재료에 약간의 변화를 주면 다양한 잡채를 만들어 그때그때 새로운 느낌으로 먹을 수 있어요. 잡채는 여러 가지 방법으로 만들 수 있지만 밥솥으로도 맛 좋은 잡채를 쉽게 만들 수 있답니다. 밥솥으로 만드는 잡채, 기대되시죠?

당면 80g, 쇠고기 60g, 새송이버섯 1개, 표고버섯 2개, 양송이버섯 2개, 팽이버섯 1/3봉지, 양파 1/3개, 청피망 1/2개,
당근 1/3개, 기름 1큰술
양념장 진간장 2큰술, 설탕 · 참기름 1큰술씩, 다진 마늘 · 깨소금 1작은술씩, 소금 · 후춧가루 약간씩

1 당면은 미지근한 물에 담가서 불려 주세요.

2 쇠고기는 채 썰어 주세요.

3 새송이버섯은 모양을 살려 채를 썰고 표고버섯은 기둥을 자른 후 채 썰어 주세요. 양송이버섯은 껍질을 벗긴 후 모양을 살려 썰고 팽이버섯은 밑동을 자른 후 가닥가닥 떼어 주세요.

4 양파와 피망, 당근은 채 썰어 주세요.

5 양념장 재료를 볼에 넣고 모두 섞어 양념장을 만들어 주세요.

6 밥솥에 기름을 넣고 전체적으로 발라 주세요.

7 밥솥 바닥에 불린 당면을 넣고 그 위에 나머지 재료를 고루 얹어 주세요.

8 준비한 양념장을 부어 고루 섞어 주세요.

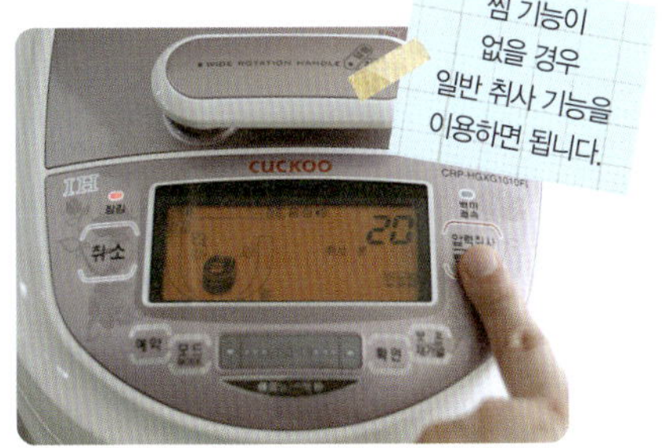

9 찜 기능을 이용해 20분간 가열해 주세요.

쇠고기장조림

냉장고에 밑반찬 몇 가지만 있어도 반찬 걱정 없이 마음이 든든해지죠? 마음을 든든하게 해 주는 대표적 밑반찬은 장조림 아닐까요? 도시락 반찬으로도 인기가 좋은 장조림을 밥솥을 이용해 만들어 봐요. 이때 빠질 수 없는 게 바로 달걀이죠. 간장 양념이 밴 달걀이 장조림보다 더 맛있어요.

쇠고기(우둔살) 600g, 달걀 2개, 대파 1대, 청·홍고추 1개씩, 통마늘 3개, 멸치 다시마 국물 2컵, 진간장 1/2컵, 설탕 3큰술

1 쇠고기는 큼직하게 토막을 낸 후 끓는 물에 살짝만 익혀 주세요.

2 달걀은 끓는 물에 완숙으로 삶아 주세요.

3 대파는 3~4cm 길이로 자르고 청·홍고추는 어슷썰기 해 주세요. 마늘은 통으로 이용합니다.

4 시판 다시마 팩을 이용해 멸치 다시마 국물을 끓여서 2컵 분량을 따로 준비해 주세요.

5 밥솥에 살짝 데친 쇠고기 덩어리를 넣고, 끓인 멸치 다시마 국물을 부어 주세요.

6 진간장 1/2컵을 부은 후 섞어 주세요.

7 설탕 3큰술을 넣고 고루 섞어 주세요.

8 삶은 달걀과 대파, 청·홍고추, 통마늘을 모두 넣어 주세요.

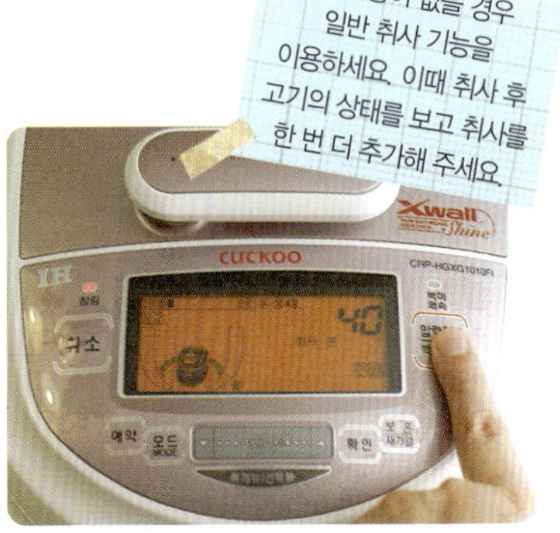

9 찜 기능을 이용해 40분간 익혀 주세요.

알감자조림

아름다운 몸매를 원하세요? 그럼 오늘부터 당장 감자 요리를 만들어 보세요. 100g당 열량이 쌀밥의 절반도 되지 않아 적게 먹고 포만감을 느낄 수 있어 날씬한 몸매를 유지할 수 있는 다이어트 식품이에요. 다이어트를 계획 중이라면 감자에 관심을 가져 주세요~.

알감자 300g
조림장 물 1컵, 진간장 5큰술, 물엿 2큰술, 다진 마늘 · 설탕 1큰술씩, 맛술 · 참기름 1작은술씩, 후춧가루 약간

1 알감자는 껍질째 깨끗이 씻어 주세요.

2 밥솥에 알감자를 넣고 알감자가 살짝만 잠길 정도로 물을 부어 주세요.

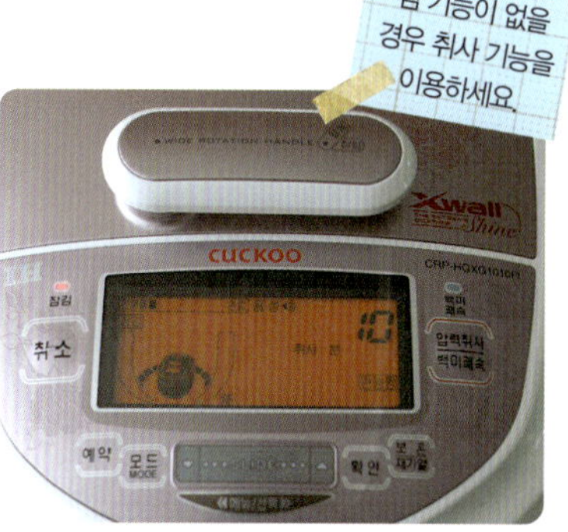

3 찜 기능을 이용해 감자가 약간만 익도록 10분 정도 쪄 주세요.

4 냄비에 조림장 재료를 모두 넣고 바글바글 끓여 주세요.

5 살짝 찐 알감자에 조림장을 부어 주세요.

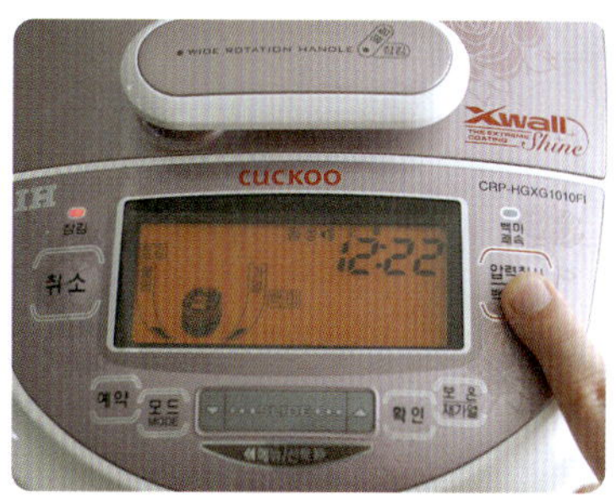

6 쾌속 취사 기능을 선택해서 감자를 조려 주세요.

고등어찜

고등어 1/2마리, 양파 1개
양념 고추장 · 간장 1큰술씩, 다진 마늘 · 맛술 · 고춧가루 1작은술씩, 물 1/2컵, 다진 생강 · 소금 · 후춧가루 약간씩

1 양파는 껍질을 벗긴 후 1.5cm 정도의 두께로 썰어 주세요.
2 고등어는 머리와 꼬리를 자르고 내장을 제거한 후 3등분해서 잘라 주세요.
3 볼에 양념 재료를 모두 넣고 섞어 주세요.
4 밥솥에 양파를 깔고 그 위에 고등어를 얹어 주세요.
5 준비해 둔 양념장을 끼얹은 후 찜 기능으로 15분간 쪄 주세요.

고추장닭날개조림

출출한 밤에 자주 시켜 먹게 되는 게 치킨인데, 각자 선호 부위가 있다 보니 특정 부위를 두고 치열한 경쟁을 벌이곤 해요. 어릴 적에는 다리부터 잡았는데 날개의 맛을 알아 버린 후 단 두 개뿐인 날개를 사수하려고 바짝 긴장하게 돼요. 하지만 마트에서 닭 날개 한 팩을 사면 긴장감 없이 모두가 즐겁게 먹을 수 있답니다. 시원한 맥주만 여유있게 준비하세요.

재료 준비

닭(날개) 8개, 냉동 모둠 채소(당근, 완두, 옥수수, 그린빈) 80g, 말린 로즈메리 · 바질 약간씩, 녹말가루 2큰술
밑간 진간장 · 맛술 1큰술씩, 소금 · 후춧가루 약간씩
고추장 양념 간장 2큰술, 물엿 1큰술, 맛술 · 고추장 1작은술씩

1 닭 날개는 어슷하게 칼집을 넣어 주세요.

2 냉동 모둠 채소는 해동해서 물기를 빼 주세요.

3 작은 볼에 밑간 분량대로 모두 넣고 섞어 주세요.

4 칼집 넣은 닭 날개에 밑간 재료를 뿌려 주세요.

5 말린 로즈메리와 바질을 살짝 뿌린 후 30분~1시간 정도 재워 두세요.

6 재워 두었던 닭 날개에 녹말가루를 묻혀 주세요.

7 내열 그릇에 녹말 묻힌 닭 날개를 얹은 후 200℃로 예열된 오븐에 넣고 10분간 구워 주세요.

8 냄비에 고추장 양념 재료를 모두 넣고 숟가락으로 저으면서 바글바글 끓인 후 식혀 주세요.

9 밥솥에 오븐에 구운 닭 날개와 모둠 채소, 고추장 양념을 넣고 고루 섞은 후 급속 취사 버튼을 눌러 10분간 조려 주세요.

단호박견과류조림

요즘은 여름에 열대야가 길어져서 잠 못 이루는 밤이 늘어나고 있어요. 잠드는 시간이 늦어지면 저녁 식사 시간도 늦어지는데요, 허기져 잠 못 이루는 밤엔 단호박이 좋아요. 단호박은 속을 편하게 해 주고 숙면을 유도해 주거든요. 더위로 입맛 잃은 여름에 달콤한 단호박을 저녁 식탁에 올려 보시면 어떨까요?

단호박 300g, 호두·아몬드 1줌씩
조림장 진간장 1큰술, 꿀·물엿·참기름 1작은술씩, 물 1/2컵

1 단호박은 랩을 씌워 전자레인지에 넣고 700W에서 3~4분간 가열해 주세요.

2 살짝 삶은 단호박의 랩을 벗기고 자른 후 씨와 껍질을 잘라 주세요.

3 껍질을 벗긴 단호박을 큼직하게 잘라 주세요.

4 기름을 두르지 않은 팬에 호두와 아몬드를 넣고 약한 불에서 살짝 볶아 주세요.

5 냄비에 조림장을 넣고 잘 섞고 바글바글 끓인 후 식혀 주세요.

6 밥솥에 단호박과 호두, 아몬드를 넣고 섞어 주세요.

7 만들어 둔 조림장을 부어 주세요.

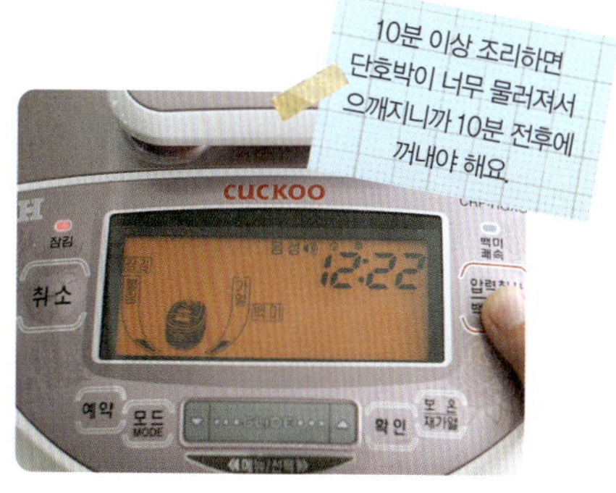

8 백미 쾌속 취사를 누르고 10분만 조리한 후 꺼내 주세요.

두부홍합찜

겨울철 뜨끈한 국물이 그리울 때 최고로 좋은 재료 중 하나가 홍합이에요. 가격이 얼마나 착한지 한 망 가득한 홍합이 천원 내외더라고요. 가격도 참 착하지만 각종 영양 성분도 듬뿍 들어 있어 남녀노소 누구에게나 좋답니다.

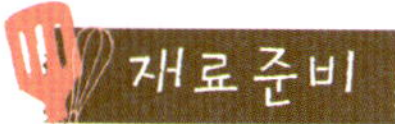

두부 120g, 홍합 130g, 대파 1대, 다시마 국물 · 물 1컵씩, 청주 1큰술, 국간장 1작은술, 소금 · 후춧가루 약간씩

1 홍합은 수염을 떼어 내고 껍데기를 박박 문질러 씻어 체에 밭쳐 물기를 빼 주세요.

2 두부는 물기를 제거하고 큼직하게 잘라 주세요.

3 시판 다시마 팩을 이용해 다시마 국물을 한 컵 준비해 주세요.

4 냄비에 다시마 국물 1컵과 청주, 국간장, 소금, 후춧가루를 넣고 끓인 후 식혀 주세요.

5 대파는 어슷썰기 해 주세요.

6 밥솥 안에 넣을 수 있는 그릇에 홍합과 두부를 넣고 대파를 얹은 후 준비한 국물을 재료들이 살짝 잠기도록 부어 주세요.

7 밥솥에 물을 1컵 넣고 찜판을 얹어주세요.

8 찜판 위에 준비해 둔 ⑥을 올리고 뚜껑을 닫은 후 찜 기능으로 25분간 쪄 주세요.

석류청 소갈비찜

얼마 전 석류를 1팩 사와서 1개는 주스로 갈아먹고 나머지 2개로 석류청을 담갔어요. 여성의 과일이라는 새빨간 석류로 담근 석류청은 따뜻한 차로 마셔도 좋지만 각종 요리에 요리당으로 활용하면 보기에도 예쁜 석류 알이 요리를 한 단계 업그레이드 시켜준답니다. 갈비찜 사이에 보석처럼 빛나는 석류 알을 찾아 보세요.

찜용 소갈비 500g, 마늘 3쪽, 생강 1/2톨, 대파 1/2대, 당근 1/3개, 감자 1/2개
찜 양념 진간장 5큰술, 설탕 · 다진 마늘 · 다진 파 1큰술씩, 석류청 2큰술, 맛술 · 참기름 1작은술씩,
다진 생강 1/4작은술, 깨소금 약간

1 찜용 소갈비는 찬물에 1시간 정도 담가서 핏물을 빼 주세요.

2 소갈비를 데칠 물에 넣을 향신 채소 중 대파는 2~3등분해서 자르고 생강은 껍질을 벗기고 마늘은 통마늘을 그대로 이용해요.

3 냄비에 물을 붓고 마늘, 생강, 대파를 넣고 끓여 주세요. 끓는 물에 소갈비를 넣고 살짝만 데친 후 꺼내 주세요.

4 데친 소갈비를 찬물에 씻은 후 체에 밭쳐서 물기를 빼 주세요. 당근과 감자는 큼직하게 잘라 주세요.

5 볼에 찜 양념 재료를 모두 넣고 섞어 주세요.

6 냄비에 찜 양념을 넣고 중간 불에서 한 번 끓인 후 식혀 주세요.

7 큰 볼에 데쳐 놓은 소갈비를 넣고 끓여 놓은 찜 양념을 부어서 1시간 정도 재워 주세요.

8 재워 둔 소갈비를 찜 양념에서 건져서 밥솥에 넣고 감자와 당근을 얹은 후 남은 찜 양념을 재료가 자작하게 잠기도록 부어 주세요.

9 찜 기능으로 30분간 쪄 주세요. 이후 상태를 봐서 10분 정도 추가로 쪄 주세요.

감자샐러드오징어순대

제가 어릴 적에 안 먹는 채소들이 많았어요. 그런데 나이가 들면서 식성이 조금씩 바뀌면서 안 먹던 걸 자연스레 먹게 되더라고요. 하지만 한참 성장기에 편식하는 것보다는 모든 걸 고루 먹는 게 좋겠죠? 감자 속에 평소 잘 먹지 않던 채소들을 잘게 다져서 꼭꼭 숨겨 보세요. '못 찾겠다 꾀꼬리~' 아마 싫다고 골라내지는 못할 거예요.

오징어(小) 2마리, 굵은 소금 약간, 감자 1+1/2개, 소시지 1개, 냉동 모둠 채소(당근, 그린빈, 옥수수, 완두) 50g,
마요네즈 2큰술, 밀가루 1큰술, 소금 · 후춧가루 약간씩

1 오징어는 내장을 꺼낸 후 굵은 소금으로 문질러 껍질을 벗겨 주세요.

2 밥솥에 물을 1컵 정도 넣고 찜판을 놓은 후 그 위에 껍질 벗긴 감자를 얹어 15~20분간 찜 기능으로 쪄 주세요.

3 소시지와 모둠 채소는 잘게 잘라 주세요.

4 삶은 감자가 뜨거울 때 볼에 넣고 으깨 주세요.

5 으깬 감자에 잘게 자른 소시지와 모둠 채소를 넣고 고루 섞어 주세요.

6 감자에 마요네즈와 소금, 후춧가루를 넣고 잘 섞어 주세요.

7 오징어 속에 밀가루를 넣고 고루 묻힌 후 털어 내 주세요.

8 만들어 둔 감자샐러드를 오징어 속에 채운 후 끝 부분을 이쑤시개로 고정하고 몸통 부분을 이쑤시개로 4~5군데 찔러 주세요.

9 밥솥에 물 1컵을 넣고 찜판을 놓은 후 그 위에 오징어를 올려 주세요. 밥솥의 뚜껑을 덮은 후 찜 기능으로 20분간 쪄 주세요.

애호박피스타치오무침

된장찌개 끓일 때 넣으려고 애호박을 사오면 1/5 정도만 찌개에 사용하고 나머지는 항상 냉장고 속에서 굴러다녀요. 달걀 옷을 입혀 전을 부쳐 먹기도 하지만 살짝 쪄서 맛 좋은 견과류에 버무리면 색다른 반찬이 된답니다.

애호박 1개, 소금 1작은술, 밀가루 1큰술, 피스타치오 · 캐슈넛 2큰술씩, 물 1컵
양념장 진간장 · 다진 파 1큰술씩, 다진 마늘 · 맛술 1작은술씩, 깨소금 약간

1 애호박은 4~5cm 길이로 자른 후 길이 모양으로 잘라 주세요.

2 길이 모양으로 자른 애호박에 소금을 뿌려 5분 정도 절여 주세요.

3 절여 두었던 애호박을 물로 씻은 후 물기를 닦고 밀가루를 뿌려 고루 묻혀 주세요.

4 밥솥에 물 1컵을 붓고 그 위에 찜판을 얹은 후 ③을 올려 찜 기능으로 10분 정도 쪄 주세요.

5 피스타치오와 캐슈넛은 잘게 다져 섞어 주세요.

6 밥솥에 찐 애호박을 넓은 접시에 펼쳐 식혀 주세요.

7 양념장 재료 분량을 모두 섞어 양념장을 만들어 두세요.

8 볼에 애호박을 넣고 양념장을 부어서 고루 섞어 주세요.

9 피스타치오와 캐슈넛 다진 것을 애호박에 넣고 잘 섞어 주세요.

풋고추꽁치찜

일주일에 2~3번은 생선을 먹는 게 좋다는 얘기를 듣고 장 보러 가면 생선 코너를 자주 기웃거리게 돼요.
고등어만큼이나 인기 좋은 꽁치로 맛 있는 꽁치찜을 만들어 봐요. 꽁치는 다른 생선에 비해 가격도 착해
서 요즘 같은 장보기 무서운 고물가 시대에 사랑스럽기 그지없는 생선이에요.

꽁치 1마리, 무 120g, 풋고추 2개, 홍고추 1개, 대파 1대
양념 진간장 · 국간장 1큰술씩, 맛술 · 고추장 · 설탕 · 다진 마늘 1작은술씩, 고춧가루 1/2작은술, 참기름 2작은술,
멸치 다시마 국물 100ml

1 꽁치는 머리와 꼬리를 잘라 내고 내장을 꺼낸 후 3토막으로 나눠 잘라 주세요.

2 무는 0.5cm 두께로 썬 후 큼직하게 잘라 주세요.

3 풋고추와 홍고추는 반으로 갈라 씨를 뺀 후 3~4cm 길이로 잘라 주세요.

4 대파도 풋고추의 길이와 비슷하게 잘라 주세요.

5 볼에 양념장 재료를 모두 넣고 잘 섞어 주세요.

6 밥솥에 무를 깔고 그 위에 꽁치를 얹어 주세요.

7 꽁치 위에 잘라 둔 풋고추와 홍고추 그리고 대파를 얹어 주세요.

8 양념장을 붓고 찜 기능을 이용해서 20분간 쪄 주세요.

닭가슴살파프리카냉채

무더위로 입맛을 잃기 쉬운 여름철에는 상큼한 맛으로 입맛도 되찾고 영양도 보충할 수 있는 게 있다면
일석이조겠죠? 거기다 살찔 염려도 적다면 안 먹을 이유가 없죠.

닭(가슴살) 2쪽, 청주 1큰술, 생강 1톨, 대파 1/2대, 마늘 2쪽, 청피망 · 빨강 · 노랑 파프리카 1/3개씩, 물 1컵 정도
소스 설탕 · 식초 1큰술씩, 레몬즙 1작은술, 소금 약간씩

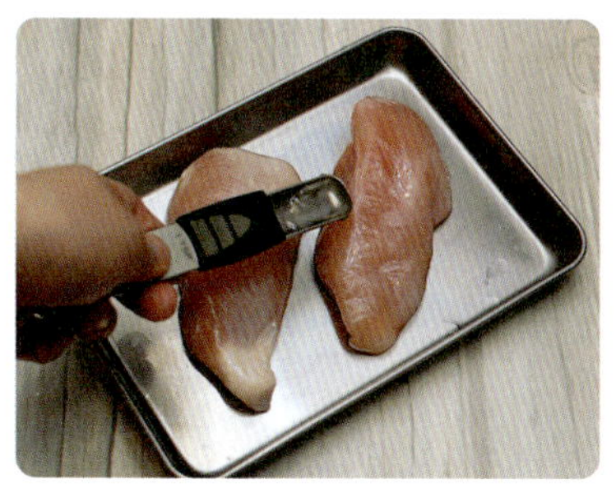

1 닭 가슴살에 청주를 뿌려서 10분 정도 재워 두세요.

2 생강은 껍질을 벗기고 대파는 큼 직하게 썰어 주세요. 마늘은 통째 로 이용해요.

3 밥솥에 닭 가슴살이 살짝 잠길 정 도로 물을 붓고 생강, 대파, 마늘 을 넣어 주세요.

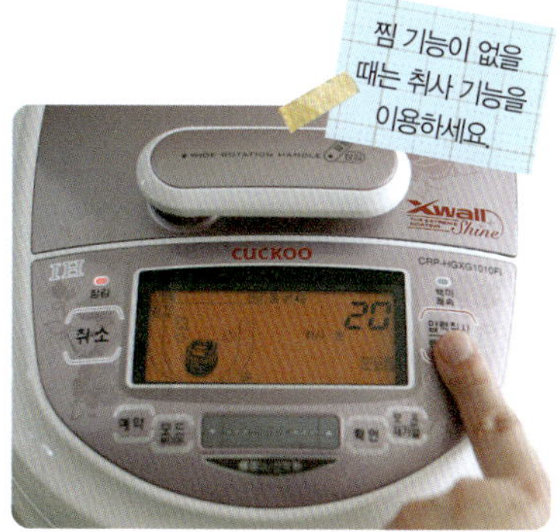

4 밥솥 뚜껑을 닫고 찜 기능을 이용 해서 20분간 쪄 주세요.

5 청피망과 빨간 파프리카, 노랑 파 프리카는 가늘게 채 썰어 주세요.

6 삶은 닭 가슴살을 손으로 쭉쭉 찢 어 주세요.

7 찢어 놓은 닭 가슴살에 채 썬 피 망과 파프리카를 넣고 고루 섞어 주세요.

8 작은 볼에 소스 재료를 분량대로 넣고 고루 섞어 주세요.

9 준비된 소스를 ⑦에 넣고 가볍게 무치듯이 섞어 주세요.

찜닭

한창 유행했던 음식 중 하나가 안동찜닭이었죠? 그땐 일주일에 한 번 이상은 찜닭을 사 먹었던 것 같아요. 결혼을 하고 나서는 밖에 나가서 사 먹기보다 집에서 저렴하면서도 알차게 만들어 먹는 즐거움을 찾게 되더라고요. 찜닭은 밥솥을 이용하면 정말 쉽고 간단하게 만들 수 있는 음식 중 하나예요. 이제 닭과 함께 좋아하시는 재료들을 모아모아 밥솥 버튼만 눌러 주세요.

닭 500g, 당면 30g, 양파 1/3개, 감자 1개, 당근 1/3개, 새송이버섯 1개, 느타리버섯 · 팽이버섯 1줌씩,
청양고추 · 홍고추 1개씩
양념 간장 3큰술, 다진 마늘 · 맛술 1큰술씩, 물엿 1/2큰술, 참기름 1작은술, 소금 · 후춧가루 약간씩, 물 1+1/2컵

1 닭은 먹기 좋은 크기로 잘라 주세요.

2 당면은 미지근한 물에 20분 정도 불려 주세요.

3 양파, 감자, 당근은 껍질을 벗긴 후 큼직하게 잘라 주세요.

4 새송이버섯은 모양을 살려 썰고 느타리버섯은 살짝 데친 후 손으로 찢어 주세요. 팽이버섯은 밑동을 잘라 주세요.

5 청양고추와 홍고추는 2cm 정도의 길이로 잘라 주세요.

6 냄비에 물을 붓고 끓기 시작하면 닭을 넣어 살짝만 데쳐 주세요.

7 볼에 양념 재료를 모두 넣고 섞어서 양념을 만들어 주세요.

8 밥솥 바닥에 불려둔 당면을 넣고 그 위에 데친 닭고기와 채소, 버섯, 고추 순서로 얹어 주세요.

9 만들어 둔 양념을 부어 준 후 밥솥 뚜껑을 덮고 찜 기능을 이용해서 35~40분 정도 쪄 주세요.

퓨전약식

보통 약식에는 밤, 대추, 잣 등을 넣어서 만들죠? 항상 이런 약식을 먹다보니 너무 딱딱하다 싶어져서 다른 재료를 이용해 보기로 했어요. 요즘 마트에서도 쉽게 구할 수 있는 여러 건조 과일들로 새콤달콤한 맛의 간식 같은 약식을 만들어 볼까요? 이제는 약식도 시대의 흐름에 맞춰 세련되게 만들어 보아요.

찹쌀 2컵, 건조 무화과+건조 자두+건조 크렌베리+건조 산딸기 90g, 밤 다이스 50g, 잣 1큰술, 진간장 · 참기름 2큰술씩,
계핏가루 1작은술, 흑설탕 70g, 소금 약간, 물 1+1/2컵

1 찹쌀은 씻어서 물에 1시간 이상 불려 두세요. 건조 과일은 볼에 넣고 미지근한 물을 부어 부드럽게 불려주세요.

2 잘게 자른 밤 다이스를 준비해 주세요.

3 작은 볼에 흑설탕, 진간장, 참기름, 계핏가루, 소금을 넣고 잘 섞어 주세요.

4 불린 찹쌀의 물기를 뺀 후 ③을 넣고 고루 섞어 주세요.

5 불린 건조 과일을 잘게 잘라 주세요.

6 ④에 잘게 자른 건조 과일을 넣고 고루 섞어 주세요.

7 밤 다이스와 잣을 넣고 고루 섞어 줍니다.

8 밥솥에 ⑦을 넣은 후 물을 부어 주세요.

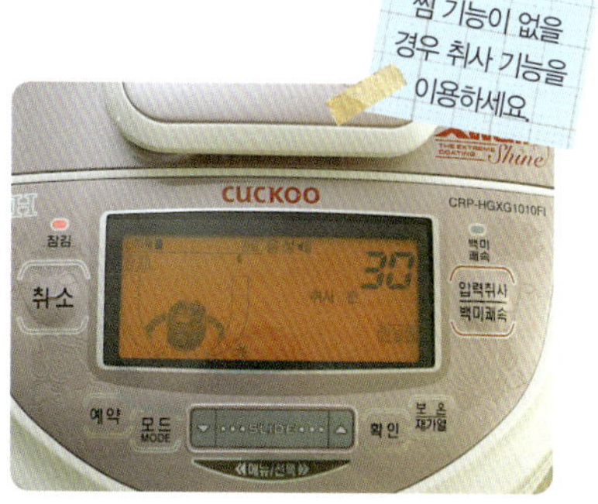

9 찜 기능을 이용해서 30분간 쪄 주세요.

레드와인소스스테이크

고기를 씹으면 몸에서 엔도르핀이 나와 기분을 행복하게 만든대요. 그래서 우울할 때는 고기가 당기나 봐요. 오늘은 부드러운 고기를 자르면서 엔도르핀도 생성하고 사랑하는 사람과 분위기도 잡아보는 게 어떠세요?

스테이크용 고기 300g, 소금·후춧가루·파슬리 약간씩, 피자 치즈 3큰술, 물 1컵
레드와인소스 토마토케첩 5큰술, 우스터소스 3큰술, 설탕 1큰술, 레드와인 2큰술

1 스테이크용 고기에 소금과 후춧가루를 뿌려서 30분 정도 재워 두세요.

2 밥솥에 물 1컵을 붓고 그 위에 찜판을 얹어 주세요.

3 찜판 위에 재워 두었던 고기를 얹어 주세요.

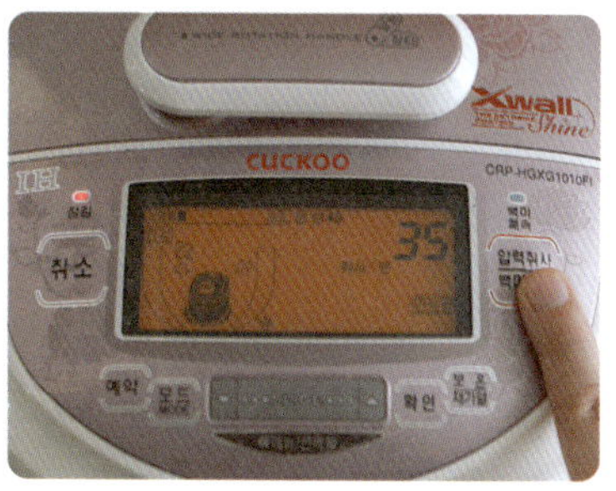

4 밥솥 뚜껑을 덮고 찜 기능으로 35분간 쪄 주세요.

5 작은 팬에 레드와인소스 재료를 모두 넣고 약한 불에서 걸쭉해질 때까지 바글바글 끓여 주세요.

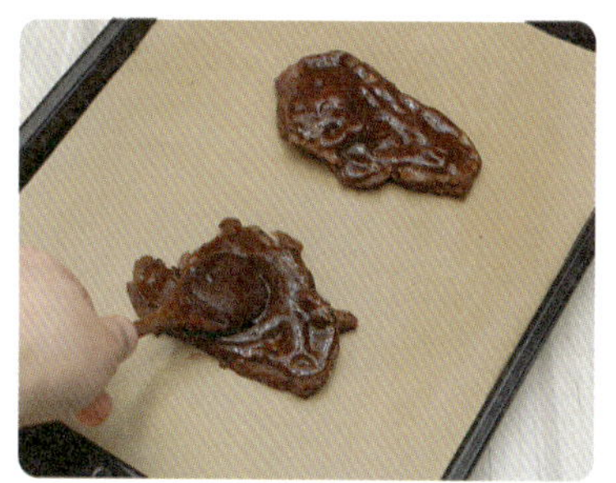

6 찜통에서 쪄낸 스테이크를 오븐 팬 위에 얹고 레드와인소스를 듬뿍 발라 주세요.

7 레드와인소스 위에 피자 치즈를 얹고 파슬리를 뿌려 주세요.

8 180℃로 예열된 오븐에 넣고 10분 정도 피자 치즈가 녹을 정도로 구워 주세요.

초콜릿버터케이크

전기밥솥에 밥만 해 드시나요? 밥솥만 있으면 밥뿐만 아니라 달콤한 케이크도 쉽게 만들 수 있답니다. 오 브이 없어서 케이크를 만들지 못해 아쉬워하셨다면 이제 밥솥에게 관심을! 오늘 밥솥은 밥 짓기에서 해방 시키고, 케이크를 만들어 봐요.

버터 120g, 설탕 70g, 달걀 2개, 유기농 핫케이크 가루 70g, 시판 초콜릿 60g, 녹인 버터 약간

1 실온에 두어서 말랑 말랑해진 버터를 볼에 넣고 핸드믹서로 풀어 준 후 설탕을 섞어 주세요.

2 달걀을 1개씩 넣고 1분 이상씩 핸드믹서로 충분히 저어 주세요.

3 유기농 핫케이크 가루를 반죽에 넣고 주걱으로 가볍게 섞어 주세요.

4 밥솥 바닥과 옆면에 녹인 버터나 오일을 발라 주세요.

5 반죽의 1/2 분량을 밥솥에 붓고 그 위에 시판 초콜릿을 큼직하게 잘라 얹어 주세요.

6 나머지 반죽을 위에 얹어 평평하게 다듬어 주세요.

7 취사 버튼을 눌러 한 번 구운 후 다시 한 번 취사 버튼을 눌러 구워 주세요.

8 두 번의 취사가 끝나면 꼬치로 찔러서 반죽이 묻어나지 않나 확인한 후 꺼내서 식혀 주세요.

흑설탕망고검은깨케이크

식품 색깔에 따른 컬러 푸드가 유행이지요? 이중 블랙 푸드 식품이 선풍적인 인기를 끌어서 저희 집에서도 한동안 흑미밥을 자주 해 먹었어요. 검은색 음식에는 우리 몸에 유익한 안토시아닌 성분이 다량 함유되어 있어 여러 성인병에 효능이 있으며 노화를 방지하는 등 강력하고 지속적인 항산화 작용을 한다고 해요. 검은깨 듬뿍 넣은 고소한 케이크로 노화방지에 힘써 보아요.

버터 120g, 흑설탕 80g, 달걀 2개, 건망고 40g, 유기농 핫케이크 가루 70g, 검은깨 20g, 철판이형제 약간

1 실온에 두어서 말랑말랑해진 버터를 핸드믹서로 풀어준 후 흑설탕을 넣고 잘 섞어 주세요.

2 달걀을 1개씩 넣고 핸드믹서로 1분 이상 충분히 저어 주세요.

3 건망고를 잘게 잘라 두세요.

4 반죽에 유기농 핫케이크 가루를 넣고 주걱을 이용해 가볍게 섞어 주세요.

5 잘게 자른 건망고와 검은깨를 반죽에 넣고 고루 섞어 주세요.

6 밥솥에 들어갈 작은 실리콘 팬에 철판 이형제나 녹인 버터를 고루 바르고 반죽을 넣어 주세요.

7 밥솥 안에 반죽을 담은 팬을 넣어 줍니다.

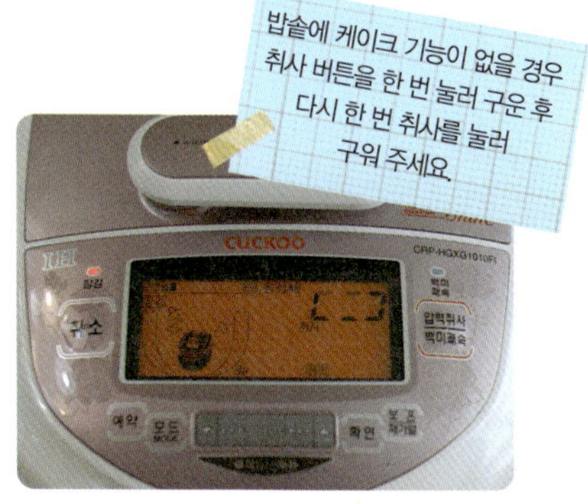

8 밥솥 뚜껑을 닫고 케이크 기능을 선택한 후 취사 버튼을 눌러 주세요.

쑥찹쌀케이크

쫀득쫀득 찹쌀케이크에 쑥가루를 넣어 봤어요. 녹차가루를 넣어서 오븐에 구웠을 때는 티타임에 어울리는 케이크였는데 쑥가루를 넣어 밥솥에 찌듯이 구웠더니 떡에 가까운 느낌이 들더라고요. 우유와 함께 아침으로 먹어도 든든하니 아주 좋아요.

찹쌀가루 250g, 쑥가루 2작은술, 소금 · 베이킹파우더 1/2작은술씩, 베이킹소다 1/4작은술, 건조 크랜베리 40g,
밤 다이스 50g, 우유 280g, 꿀 1큰술, 럼주 2큰술

1 볼에 찹쌀가루, 쑥가루, 소금, 베이킹파우더, 베이킹소다를 넣고 고루 섞어 주세요.

2 건조 크랜베리는 럼주에 20분 정도 절여 부드럽게 만들어 주세요.

3 ①에 불려둔 크랜베리와 밤 다이스를 넣고 고루 섞어 주세요.

4 반죽에 우유를 조금씩 흘려 넣으면서 주걱으로 저어 섞어 주세요.

5 ④에 꿀 1큰술을 넣고 고루 섞어 주세요.

6 원형 팬에 종이를 깔고 반죽을 부은 후 윗면을 편편하게 다듬어 주세요.

7 밥솥 안에 팬을 넣어 주세요.

8 찜 기능을 이용해 60분 정도 찐 후 뚜껑을 열어 꼬치로 찔러 보세요. 반죽이 묻어나면 다시 뚜껑을 닫고 10~20분간 추가로 찜 기능을 이용해 쪄 주세요.

귤잼

겨울철 모두에게 사랑받는 새콤달콤한 귤이 저희 집에서는 천덕꾸러기예요. 큰맘 먹고 비타민 보충하자고 한 봉지 사다 놓고는 곧 뭉그러져서 버리기 일쑤예요. 이번에도 역시나 먹지도 못한 귤들이 뭉그러지기 시작하기에 이대로 버리기는 너무 아까워 달콤한 잼을 만들어 봤어요. 따끈하게 구운 빵에 상큼한 귤잼을 발라 간단한 아침을 준비해 보세요.

귤 4개, 식초 1작은술, 설탕 90g, 물 3컵, 꿀 3큰술

1 물에 식초를 넣어 섞은 후 귤을 10분 정도 담가 두세요.

2 블랜더에 껍질을 벗긴 귤을 넣고 설탕을 뿌린 후 곱게 갈아 주세요.

3 블랜더로 간 귤에 꿀을 넣고 섞어 주세요.

4 밥솥에 ③을 넣고 잘 저어 주세요.

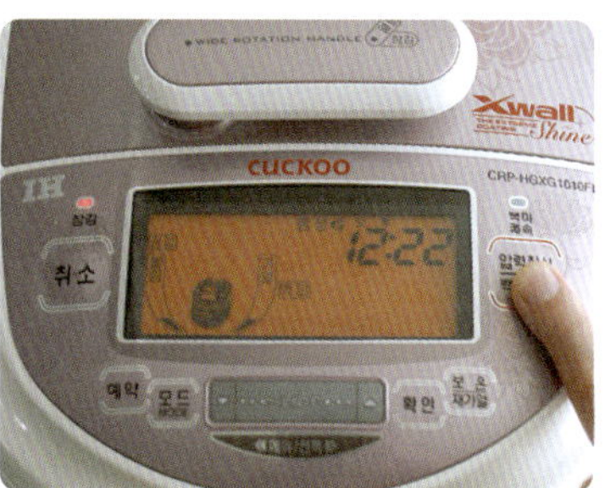

5 취사 버튼을 두 번 눌러 급속 취사 기능을 선택해 가열해 주세요.

귤껍질 100% 활용하기

1 생선 비린내 없애기

생선 요리를 한 냄비나 팬에 귤껍질과 물을 넣고 끓이면 귤의 향이 비린내를 없애 줘요. 또 전자레인지에 귤껍질 1개 분량을 넣고 15~30초간 가열하면 전자레인지에 남아 있던 안 좋은 냄새가 싹 사라집니다.

2 천연 표백제로 사용하기

말린 귤껍질을 물에 넣고 끓인 후 누렇게 변한 흰 옷을 넣으면 새 옷처럼 하얗게 변해요. 화학 성분이 아닌 천연 성분이라 옷감도 상하지 않고 피부에도 해롭지 않답니다.

3 반짝반짝하게 가구 닦기

귤껍질을 진하게 삶은 후 그 물로 가구를 닦으면 반짝반짝 윤이 나요. 또 귤껍질을 즙을 내서 돗자리를 닦으면 누렇게 변하는 것을 막고 오래 사용할 수 있답니다.

4 기름기 묻은 그릇 닦기

귤에 함유된 구연산은 기름기를 분해하는 역할을 해요. 그래서 기름기가 묻어 있는 그릇을 귤껍질로 닦으면 금세 뽀드득해진답니다.

얼그레이쉬폰

《홍차왕자》라는 만화책을 아세요? 홍차에 대해 문외한이었던 저는 이 만화책을 보면서 홍차에 관심을 갖게 되었어요. 홍차는 다른 차에 비해 좀 어렵다고 생각했는데, 이 만화책을 보고 나니 차는 자신이 좋아하는 방법으로 즐기면 된다는 자신감이 생기더라고요. 부드러운 쉬폰을 먹으며 다시 한 번 《홍차왕자》를 펼쳐 볼까요?

18cm 쉬폰 틀 1개 분량
달걀노른자 3개, 홍차 잎 18g, 물 180ml, 카놀라오일 55ml, 박력분 70g
머랭 달걀흰자 145g, 설탕 65g

1 따뜻한 물에 홍차 잎을 넣고 6분 정도 진하게 우려서 홍차 물 100ml를 만들어 두세요. 우려낸 홍차 잎 10g은 따로 준비해 두세요.

2 준비한 홍차 잎 10g을 잘게 다져 주세요. 볼에 달걀노른자를 넣고 거품기로 풀어준 후 진하게 우려낸 홍차 물을 넣고 섞어 주세요.

3 반죽에 카놀라오일을 조금씩 흘려 넣으면서 바닥에 오일이 가라앉지 않도록 고루 섞어 주세요.

4 잘게 다진 홍차 잎을 반죽에 넣고 섞어 주세요. 체 친 박력분을 넣고 가볍게 섞어 주세요.

5 볼에 달걀흰자를 넣고 핸드믹서로 거품을 어느 정도 올린 후 설탕을 2~3번에 나누어 넣고 저으면서 뾰족한 뿔이 생기도록 단단한 머랭을 만들어 주세요.

6 반죽에 머랭을 2~3번에 나누어 넣고 주걱을 이용해서 거품이 꺼지지 않도록 조심조심 섞어 주세요.

7 쉬폰 틀에 준비된 반죽을 넣어 주세요.

8 밥솥에 쉬폰 틀을 넣고 밥솥 뚜껑을 덮은 후 취사 버튼을 눌러 한 번 가열한 후 다시 한 번 취사 버튼을 눌러 재가열하고 그대로 30분 정도 보온해 주세요.

9 꼬치를 찔러서 반죽이 묻어나지 않으면 꺼내서 충분히 식힌 후 틀에서 꺼내 주세요.

요구르트밤케이크

떠먹는 요구르트는 잘 사 먹지 않는데 얼마 전 밤이 들어간 요구르트가 나왔더라고요. 먹어보니 그 구수
한 맛이 색다르면서도 좋았어요. 구수하고 달콤한 밤맛을 살려서 케이크를 만들어도 좋겠다 싶어서 밤맛
요구르트를 넣은 케이크를 만들어 봤어요. 밤맛 요구르트뿐만 아니라 우유도 시중에 나왔는데 같이 곁들
이면 고소함이 2배가 될 것 같아요.

12cm 원형 틀 1개 분량

박력분 50g, 아몬드가루 50g, 베이킹파우더 1/4작은술, 달걀 1개, 설탕 50g, 밤맛 플레인 요구르트 50g,
버터 40g, 밤 다이스 2큰술

1 박력분, 아몬드가루, 베이킹파우더를 체 쳐서 섞어 두세요.

2 다른 볼에 달걀과 설탕을 넣고 핸드믹서로 저어서 섞어 주세요.

3 반죽에 밤맛 플레인 요구르트를 넣고 섞어 주세요.

4 체 친 가루류를 ③의 반죽에 넣고 주걱으로 가볍게 섞어 주세요.

5 중탕이나 전자레인지로 녹인 버터를 반죽에 넣고 섞어 주세요.

6 원형 틀에 반죽을 붓고 그 위에 밤 다이스를 얹어 주세요.

7 밥솥에 원형 틀을 넣어 주세요.

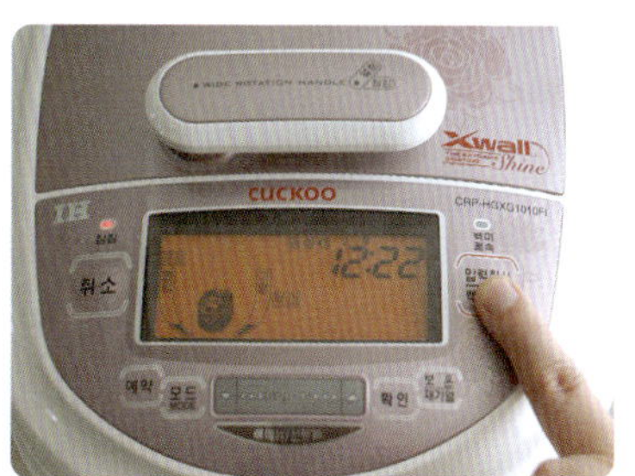

8 취사 기능을 눌러 구운 후 다시 한 번 취사 기능을 눌러 구우세요. 30분 정도 보온한 후 꺼내 주세요.

캐러멜 치즈 케이크

크림치즈의 진한 그 맛을 제대로 느낄 수 있는 게 치즈케이크죠? 이 맛에 한번 빠지면 헤어나기 쉽지 않아요. 그중 부드럽고 촉촉한 수플레 치즈케이크는 밥솥으로도 그 맛을 살릴 수 있어요. 달콤한 캐러멜을 넣어 제대로 진한 치즈케이크 한번 만들어 볼까요?

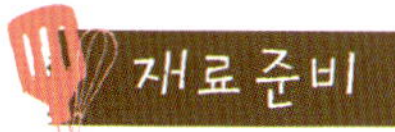

크림치즈 100g, 설탕 30g, 달걀노른자 · 달걀 1개씩, 우유 · 박력분 2큰술씩, 캐러멜크림 4큰술, 물 1컵

1 볼에 크림치즈를 넣고 핸드믹서로 풀어준 후 설탕을 넣고 저어 주세요.

2 크림치즈에 달걀노른자를 넣고 핸드믹서로 섞어 주세요.

3 달걀을 ②에 넣고 저어 주세요.

4 캐러멜크림을 넣고 잘 섞어 주세요.

5 우유를 넣고 핸드믹서로 섞어 주세요.

6 체 친 박력분을 넣고 주걱으로 가볍게 섞어 주세요.

7 틀 바닥과 옆면에 종이를 깔고 반죽을 부은 후 틀을 바닥에 쳐서 공기를 빼 주세요.

8 밥솥에 물 1컵을 붓고 찜 판을 놓은 후 그 위에 팬을 얹어 찜 기능으로 1시간 20분 정도 쪄 주세요.

채소단호박찐빵

어릴 적 채소를 다 골라내고 먹어서 엄마 속을 무던히도 썩였었어요. 아이 키우는 엄마들 가장 큰 고민이 '어떻게 하면 편식 없이 골고루 먹일까?' 하는 것일 텐데요. 싫다고 하는 거 억지로 먹이지 마시고, 채소를 곱게 다져서 아이들이 좋아하는 음식 속에 꼭꼭 숨겨 보세요.

햄 · 모둠 채소(당근, 그린빈, 옥수수, 완두) 50g씩, 박력분 125g, 단호박 가루 · 베이킹파우더 1작은술씩, 소금 1/4작은술,
달걀노른자 1개, 설탕 45g, 우유 1/2컵, 물 1컵
머랭 달걀흰자 1개, 설탕 45g

1 햄과 채소는 잘게 다져 주세요.

2 볼에 박력분과 단호박 가루, 베이킹파우더, 소금을 넣고 체 쳐서 섞어 주세요.

3 다른 볼에 달걀노른자와 설탕을 넣고 섞어 주세요.

4 다른 볼에 달걀흰자를 넣고 핸드믹서로 거품을 올린 후 설탕을 2번 정도에 나누어 넣고 뾰족한 뿔이 서도록 머랭을 만들어 주세요.

5 ③의 반죽에 머랭을 2~3번에 나누어 넣고 주걱으로 가볍게 섞어 주세요.

6 체 쳐 둔 가루류를 넣고 주걱으로 고루 섞어 두세요.

7 햄과 채소를 반죽에 넣고 고루 고루 섞어 주세요.

8 우유를 반죽에 조금씩 흘려 넣고 섞어 주세요.

9 은박지 컵 안에 머핀지를 넣고 반죽을 80% 정도 채우세요. 밥솥에 물 1컵을 부은 다음 찜판을 놓고 그 위에 은박지를 올린 후 찜 기능을 이용해서 15분간 쪄 주세요.

Part 2

Microwave Oven

전자레인지로 만드는 따끈따끈한 **밥 한 끼**!

전자레인지에 돌려 돌려 만드는 **밑반찬**

손님상으로도 손색없는 **일품요리**와 **베이킹**

Microwave Oven Story : 

전자레인지의 원리

1921년 A.W 힐이 마이크로파를 만드는 마그네트론이라는 장치를 발명하였고 1945년 퍼지 스펜서 박사가 마이크로파를 이용한 전자레인지의 원리를 발견하여 1954년 세계 최초의 전자레인지가 상품화되었습니다.

전자레인지는 마이크로파를 식품에 방출시켜서 식품 내부에 물 분자를 요동시켜 열을 발생하게 합니다. 그래서 물 분자 간의 마찰열이 발생하여 물 분자가 고온의 수증기로 바뀌어 찌는 방식으로 식품을 가열합니다.

전자레인지의 장점

1 누구나 안전하고 깨끗하게 요리할 수 있어요
조림이나 찜 등을 조리할 때 한번쯤은 깜빡 한눈을 팔아 냄비를 태운 경험이 있을 거예요. 전자레인지는 시간을 맞춰 버튼만 누르면 남녀노소 누구라도 어렵지 않게 요리할 수 있어요.

2 적은 양을 요리할 때 좋아요
요즘은 독신 가정도 많구요, 또 가족 구성원이 한데 모여 식사하기보다는 따로 식사를 하는 일이 많은데요. 이럴 때 1~2인 분량의 요리를 할 때도 전자레인지는 아주 요긴하답니다. 적은 분량을 데우거나 조리할 수 있고 내열 그릇을 사용해 조리한 그대로 식탁에 올리면 되니까 설거지도 줄일 수 있지요.

3 신선한 채소 그대로 유지해요
채소에 들어 있는 비타민 C는 열에 약해서 조리 중에 쉽게 파괴되는데 전자레인지를 이용해 조리할 경우 비타민 파괴를 줄이고 채소 자체의 색도 그대로 유지할 수 있어요.

4 칼로리 부담을 낮춰 줘요
냉동된 돈가스나 만두 등을 전자레인지에 1분 정도 가열한 후 팬에 굽게 되면 기름을 적게 넣고도 바삭바삭 맛있게 구울 수 있어요. 또 전자레인지에 고기를 굽거나 볶을 경우 육류 자체의 기름만으로 충분히 조리가 가능하기 때문에 칼로리 부담을 낮춰줄 수 있답니다.

전자레인지 200% 활용하기

1 마른 표고버섯 빨리 불리기
표고버섯의 밑동을 떼어 내고 설탕물에 담근 후 랩을 씌워 전자레인지에 넣고 3분 정도 가열하면 금세 부드러워져요.

2 토마토 껍질벗기기
토마토에 십자로 칼집을 낸 후 봉지에 넣고 전자레인지에서 20~30초간 가열한 다음 꺼내서 찬물에 씻으면 손쉽게 껍질을 벗길 수 있답니다.

3 은행 익히기

은행을 소금물에 잠시 담가 두었다가 꺼내어 물기를 제거한 후 전자레인지에 넣어 1분 정도 가열하면 껍질도 쉽게 벗겨지고 속도 잘 익어요.

4 햄과 어묵의 기름기 빼기

햄과 어묵은 요리하기 전에 뜨거운 물을 끼얹어서 겉에 묻어 있는 기름기와 불순물을 제거하는데 간단히 비닐봉지에 햄이나 어묵을 넣고 전자레인지에 넣어 30초 정도 가열한 후 뜨거울 때 물에 헹구어 사용하면 돼요.

5 눅눅해진 과자를 바삭바삭하게

장마철에는 습도가 높아서 과자 봉지를 열어서 잠시만 두어도 눅눅해지잖아요. 이럴 때 접시에 과자를 얹은 후 전자레인지에 넣고 20초만 가열하면 바로 바삭바삭해진 과자를 맛볼 수 있어요.

6 행주 삶기

냄비에 행주를 삶다가 태우신 경험들 한 번 정도는 있을 거예요. 이제 전자레인지로 빠르고 안전하게 삶아 주세요. 젖은 행주에 세제 1~2방울을 떨어뜨려 비빈 후 봉지에 넣고 구멍 2~3개를 뚫은 다음 전자레인지에 넣고 3분 정도 가열해 주세요.

7 두부 물기 제거하기

접시 위에 마른 행주를 깔고 그 위에 두부를 올린 후 랩을 씌워 3분 정도 가열하면 두부의 물기를 손쉽게 제거할 수 있어요.

전자레인지 요리를 한 단계 UP~~시켜 줄 알짜 Tip

1 전자레인지에 사용하는 그릇은 사각 용기보다는 둥글고 깊이가 있는 유리볼을 사용하는 게 좋아요. 하지만 너무 무거운 용기는 가열 시간이 길어지므로 재료에 맞는 적당한 크기의 볼을 선택하세요.

2 재료의 양에 따라 조리 시간이 달라져요. 재료 분량을 2배로 늘리게 되면 조리 시간도 2배로 길게 설정하고 재료 분량을 반으로 줄이면 조리 시간도 반으로 줄여야 해요. 또 전자레인지의 출력에 따라서 조리 시간이 달라집니다.

3 전자레인지 요리에 물을 넣을 때는 더운 물을 넣어 주면 조리 시간을 단축할 수 있어요.
보통 식품 자체의 수분을 이용해서 조리하지만 물을 추가해야 할 경우 찬물을 넣게 되면 물이 데워지는 시간이 추가로 필요하므로 더운 물을 넣으면 조리 시간을 단축할 수 있습니다.

4 전자레인지의 마이크로파는 위쪽이 아래쪽보다 열이 더 많이 나오므로 채소를 데칠 때 쉽게 데쳐지는 잎은 아래쪽에, 잘 익지 않는 줄기는 위쪽에 두고 가열합니다. 또 연근이나 우엉 같은 뿌리채소는 얇게 저미거나 가늘게 채 썰어 익히면 고루 익어요. 고기와 채소를 넣고 함께 조리하는 경우 채소는 아래에 깔고 고기를 그 위에 얹어 가열해 주세요.

5 냉동실에 보관해 둔 밥을 전자레인지로 해동할 때 물 1작은술을 고루 뿌리고 양 끝에 약간의 틈을 주고 랩을 씌워 전자레인지에 가열하면 금방 지은 밥처럼 따끈하고 고슬고슬해져요.

전자레인지에 사용 가능한 그릇과 불가능한 그릇

1 사용 가능한 그릇

내열 유리

내열 플라스틱

도자기류

전자레인지에 사용 가능한
랩과 비닐백 그리고 종이호일

- 일반 유리나 플라스틱, 나무그릇 등은 간단히 데울 때만 사용하고 오래 가열하지 마세요.

2 사용할 수 없는 그릇
알루미늄류의 그릇은 전자파를 반사시켜 가열이 제대로 되지 않아요.
섬세하게 가공된 크리스털 그릇도 전자레인지에 사용하기 적합하지 않아요.

무늬가 많이 들어간 그
릇은 색이 변하거나 깨
질 수 있어요.

스테인리스

법랑

전자레인지 청소법

1 전자레인지 내부가 항상 깨끗해야 전자파가 효율적으로 작용해요. 음식 찌꺼기가 남아 있다면 가열 시간이 더 걸리고 식품이 고루 가열되지 않아요.
전자레인지 내부는 조리 직후 물기가 남아 있을 경우 마른 행주로 닦아 주고 음식물 찌꺼기가 굳은 곳은 중성세제를 묻힌 부드러운 행주로 닦아 항상 깨끗한 상태로 사용해 주세요.

2 내부의 조리받침과 회전접시는 꺼내서 중성세제로 닦은 후 물기를 닦아 전자레인지에 넣고 사용하세요.

3 전자레인지 외부를 닦을 때는 젖은 행주나 중성세제를 묻힌 부드러운 수세미로 닦은 후 마른 행주로 물기를 닦아내 주세요.

4 조리 후 전자레인지 안에 음식 냄새가 밴 경우에는 실내용 탈취제를 하룻밤 정도 넣어 두면 냄새를 말끔히 없앨 수 있어요.

- 전자레인지를 청소할 때는 먼저 플러그를 뽑아 두세요.

전자레인지 W(와트)별 가열 시간표

400W	500W	600W	700W	900W
50초	40초	30초	30초	20초
1분 30초	1분 10초	1분	50초	40초
2분 20초	1분 50초	1분 30초	1분 20초	1분
3분	2분 20초	2분	1분 40초	1분 20초
3분 50초	3분	2분 30초	2분 10초	1분 40초
4분 30초	3분 40초	3분	2분 30초	2분
6분	4분 50초	4분	3분 30초	2분 40초
7분 30초	6분	5분	4분 20초	3분 20초
9분	7분 10초	6분	5분 10초	4분
10분 30초	8분 20초	7분	6분	4분 40초

- 이 책은 700W 기준입니다.

게살완두콩밥

통통하게 살이 오른 게를 삶아서 살을 뽑아 먹을 때 그 행복, 다들 아시죠? 요즘에는 게살만 발라내서 통조림이나 냉동으로 판매를 하니까 사시사철 언제든 맛있는 게살을 이용하실 수 있어요. 파릇한 완두와 분홍색 게살이 예쁘게 어우러진 따뜻한 밥을 전자레인지로 준비해 보세요.

찹쌀 1컵, 통조림 게살 50g, 완두 40g, 물 1컵, 소금 약간

1 찹쌀을 깨끗하게 씻어서 체에 받쳐서 물기를 빼 주세요.

2 전자레인지용 냄비에 쌀을 넣고 평평하게 해준 후 따뜻한 물을 부어 주세요. 양쪽에 1cm 정도의 틈을 두고 랩을 씌워 전자레인지에 넣고 700W에서 10분간 가열해 주세요.

3 게살은 통조림에서 꺼내 물기를 빼고 완두 통조림을 이용하실 경우 끓는 물을 한번 끼얹은 후 물기를 빼 주세요.

4 10분 정도 가열한 냄비를 꺼내서 준비해 둔 게살과 완두를 위에 얹어 주세요.

5 다시 냄비 양 끝에 1cm 정도의 틈을 주고 랩을 씌워 전자레인지에 넣고 3분 정도 가열해 주세요.

6 게살과 완두를 넣고 가열한 후 꺼내서 5분 정도 그대로 두어 뜸을 들이고 난 후 뒤섞어 줍니다.

완두&옥수수 스크램블에그

달걀 1개, 우유·완두 2큰술씩, 옥수수 3큰술, 소금 약간, 베이글 1개

1 달걀에 우유를 넣고 잘 섞어 주세요.
2 ①에 완두와 옥수수, 소금을 넣고 섞어 주세요.
3 내열냄비에 ②를 붓고 랩을 씌워서 1분 30초 정도 가열해 주세요.
4 꺼내서 바로 젓가락으로 휘저어 주세요.
5 구워 놓은 베이글을 반으로 자른 후 만들어 놓은 스크램블에그를 얹어 주세요.

새우카레밥

반찬 없을 때 혹은 며칠 동안 집을 비워야 할 때 한 솥 가득 끓여 놓으면 든든한 게 바로 카레죠? 그런데 걸쭉한 카레를 싫어하시는 분들이 꽤 있으시더라고요. 카레를 약간의 물에 풀어 넣고 밥을 지으면 걸쭉하지도 않고, 부담스럽지 않은 카레 향이 입맛을 돋우어 준답니다.

쌀 1컵, 냉동 새우 · 모둠 채소(당근, 옥수수, 그린빈, 완두) 70g씩, 다시마 국물 1+1/2컵
카레양념 카레가루 1작은술, 물 · 진간장 · 포도씨유 1큰술씩, 소금 약간

1 쌀을 깨끗이 씻어 체에 밭쳐 물기를 빼 주세요.

2 전자레인지용 냄비에 쌀을 넣고 따뜻하게 데운 다시마 국물을 넣어 주세요.

3 카레양념의 재료를 작은 볼에 모두 넣고 고루 섞어 주세요.

4 ②에 준비된 카레양념을 위에 조금씩 부어 주세요.

5 냉동 새우와 모둠 채소는 각각 끓는 물에 데친 후 물기를 빼서 준비해 주세요.

6 ④위에 냉동 새우와 모둠 채소를 고루 뿌려 얹어 주세요.

7 냄비에 종이호일을 덮고 그 위를 냄비보다 좀 작은 사이즈의 접시로 눌러주고 전자레인지용 뚜껑을 덮어 줍니다.

8 전자레인지에 넣고 700W에서 17분간 가열해 주세요.

9 가열된 밥을 꺼내서 10분 정도 그대로 뜸을 들인 뒤 뒤섞어 주세요.

베이컨&채소리조또

쌀을 볶아 각종 육수로 밥을 짓는 리조또는 이탈리아 음식이지만 우리에게 친근한 쌀을 이용해서 그런지 어색하지 않더라고요. 보통은 냄비에 쌀과 육수를 넣고 쉬지 않고 저어가면서 만들어야 하지만 전자레인지를 이용하면 버튼 하나만 누르면 완성이랍니다.

쌀 1/2컵, 베이컨 2장, 모둠 채소(당근, 옥수수, 그린빈, 완두) 60g, 포도씨유 1작은술, 버터 30g, 후춧가루 약간
밥물 물 2컵, 치킨스톡 1개, 소금 약간

1 쌀은 깨끗이 씻어서 체에 밭쳐서 물기를 빼 주세요. 따뜻하게 데운 물을 볼에 넣고 치킨스톡과 소금을 넣어 섞어 주세요.

2 전자레인지용 냄비에 쌀을 넣고 만들어 둔 밥물을 부어 주세요.

3 냄비 양 끝에 1cm 정도의 틈을 주고 랩을 씌워 주세요.

4 냄비를 전자레인지에 넣고 700W 에서 4분간 가열해 주세요.

5 베이컨과 모둠 채소를 잘게 잘라 주세요.

6 팬에 포도씨유를 두르고 베이컨과 모둠 채소를 1분 정도 가볍게 볶아 주세요.

7 4분 정도 가열한 ④에 볶은 베이컨과 모둠 채소를 넣고 양 끝에 1cm 틈을 주고 랩을 씌워 주세요.

8 전자레인지에 ⑦을 넣고 10분 20초 정도 700W에서 가열해 주세요.

9 ⑧를 꺼내서 뜨거울 때 바로 잘게 자른 버터와 후추를 넣고 숟가락으로 잘 저으면서 섞어 주세요.

무말랭이 볶음밥

보통 무 한 덩어리 사면 쓰는 것보다 남는 양이 훨씬 많죠? 이럴 때 말려서 무말랭이를 만들면 반찬으로
알차게 이용할 수가 있어요. 오늘은 무말랭이를 가지고 반찬 없이도 먹을 수 있는 볶음밥으로 변신시켜
볼까요? 팬을 그릇 삼아 볶아낸 그대로 먹는 맛도 즐거워요. 숟가락만 들고 달려오세요.

무말랭이 30g, 밥 1공기, 달걀 1개, 청·홍피망 1/4개씩, 소금·볶음용 기름 약간씩
양념장 진간장·물 1큰술씩, 다진 마늘·설탕 1작은술씩

1 무말랭이는 물로 깨끗이 씻은 후 체에 밭쳐서 물기를 빼 주세요. 볼에 무말랭이를 담고 무말랭이가 잠길 정도로 물을 부어 주세요.

2 전자레인지용 뚜껑을 덮어 주세요.

3 전자레인지에 넣고 700W에서 2분간 가열해 주세요. 무말랭이의 물을 따라 내고 새로운 물을 부어 고루 섞어 주세요.

4 볼 뚜껑을 덮거나 랩을 씌워 전자레인지에 넣고 700W에서 2분간 다시 가열해 주세요.

5 불려 놓은 무말랭이는 잘게 자른 후 양념장 재료를 모두 넣고 조물조물 무쳐 주세요.

6 청·홍피망은 굵게 다져 주세요. 팬에 기름을 두르고 청·홍피망을 살짝 볶아 두세요.

7 따뜻하게 데운 밥을 볼에 넣고 달걀을 넣어 섞어 주세요. 팬에 양념해 놓은 무말랭이를 볶아 주세요.

8 달걀에 비벼 놓은 밥을 넣고 무말랭이와 함께 고루 섞으며 볶아 주세요.

9 볶아 놓은 피망을 ⑧에 넣고 고루 섞이도록 볶아 주세요. 부족한 간은 소금으로 맞추시면 돼요.

팥밥

어릴 적에 편식이 심했던 저는 팥밥이 상에 오르면 밥에서 팥을 다 골라내고서야 숟가락을 들곤 했어요. 그런데 팥에는 비타민 B1이 많이 들어 있어 스트레스 많이 받는 현대인들에게 더없이 좋은 식품이라고 하네요. 이제는 팥부터 골라 먹어야겠어요.

삶은 팥 50g, 쌀 1컵, 물 220ml, 소금 약간

1 팬에 팥을 넣고 물을 넉넉히 넣어 중간 불에서 삶다가 한 번 끓어오르면 물을 따라 버리고 새 물을 부어서 물러질 때까지 삶아 주세요.

2 쌀을 깨끗하게 씻어서 체에 밭쳐 물기를 빼 주세요.

3 전자레인지용 냄비에 쌀을 넣고 그 위에 팥을 얹어 주세요.

4 따뜻하게 데운 물을 ③에 부어 주세요.

5 양 끝에 1cm 정도의 틈을 주어 랩을 씌워 주세요.

6 전자레인지에 넣고 700W에서 5분간 가열해 주세요.

7 200W로 10분간 더 가열해 주세요.

8 10분 정도 그대로 두어서 뜸을 들인 후 소금을 약간 넣고 숟가락으로 섞어 주세요.

김치볶음밥 오징어순대

저희 아파트 앞에 저녁마다 순대 파는 차가 오는데요, 거기서 파는 오징어순대가 참 맛있어 보이더라고요. 하지만 저는 순대 속을 좋아하지 않아서 사 먹지 않았어요. 흔한 순대 속 대신에 다른 것을 넣어 보면 어떨까요? 순대를 좋아하지 않는 저이지만, 제가 좋아하는 김치볶음밥으로 속을 채운 오징어순대라면 언제라도 ok! 일 것 같아요.

오징어 1마리, 굵은 소금 약간, 베이컨 2장, 배추김치 1줌, 밥 1공기, 새우 페이스트 1큰술, 밀가루 · 올리브유 1큰술씩

1 오징어는 내장을 뺀 후 굵은 소금으로 문질러서 껍질을 벗겨 주세요.

2 베이컨과 배추김치는 잘게 잘라 줍니다.

3 팬에 올리브유를 두르고 베이컨과 배추김치를 볶아 주세요.

4 밥을 ③에 넣고 고루 섞으면서 볶아 주세요.

5 새우 페이스트를 넣고 고루 섞어 주세요.

6 오징어 몸통 안에 밀가루를 넣어 흔든 후 털어내 주세요.

7 볶아 놓은 김치볶음밥을 오징어 몸통에 채워 넣어 주세요.

8 몸통 끝부분을 이쑤시개로 고정하고 몸통 부분을 4~5군데 이쑤시개로 찔러 주세요.

9 전자레인지용 접시에 오징어를 넣고 양 끝에 1cm 틈을 주고 랩을 씌워 700W에서 1분 30초 정도 가열해 주세요.

닭고기죽순밥

죽순은 중국 요리에 많이 쓰이는 재료에요. 음식에 죽순이 들어가 있으면 그 색깔과 모양 때문에 좀 더 색다른 느낌이 나는 것 같아요. 오늘 식사는 죽순을 이용해서 중국식으로 색다르게 준비해 보시는 건 어때요? 죽순이 장의 연동을 촉진시켜 변비를 해소하고 체내 노폐물이 신속이 배설되도록 도와준대요.

쌀 1컵, 죽순 60g, 닭(안심살) 70g, 물 180ml, 가쓰오간장 · 미림 1작은술씩

1 쌀은 깨끗이 씻어 체에 밭쳐서 물기를 빼 주세요.

2 죽순은 끓는 물에 한 번 데쳐 모양을 살려 자르고, 닭 안심은 2cm 정도의 크기로 잘라 주세요.

3 볼에 따뜻하게 데운 물을 넣고 가쓰오간장과 미림을 넣어 섞어 주세요.

4 전자레인지용 냄비에 씻어 놓은 쌀을 넣고 ③을 부어 주세요.

5 죽순과 닭 안심을 쌀 위에 얹어 주세요.

6 양 끝에 1cm 정도의 틈을 주고 냄비에 랩을 씌워 주세요.

7 전자레인지에 넣고 700W에서 5분간 가열한 후 200W로 낮춰서 10분 정도 가열해 주세요.

8 10분간 그대로 뜸을 들인 후 뒤적여서 섞어 주세요.

가래떡그라탱

저희 신랑이 제일 좋아하는 국이 떡국이다 보니 냉동실에 항상 떡국용 떡이 한 봉지씩 있는데요, 항상 떡국만 해 먹기 아쉬워서 다른 음식을 생각해 봤어요. 그래서 떡국 떡으로 그라탱을 만들어 보기로 했답니다. 고구마와 떡국만 있으면 달콤한 그라탱이 완성! 고구마가 없으면 대신 담백한 감자로 만들어도 좋아요.

고구마(中) 1개, 달걀 3개, 떡국 떡 50g, 올리브유 1큰술, 화이트소스 1컵, 슬라이스 치즈 1장, 피자 치즈 적당량

1 고구마는 껍질째 씻어서 모양을 살려 썬 후 전자레인지용 찜기에 넣고 700W에서 2분간 가열해 주세요.

2 달걀은 삶은 후 껍질을 벗겨 슬라이스로 잘라 주세요.

3 떡국 떡은 끓는 물에 살짝만 데쳐서 물기를 빼 주세요.

4 그라탱 그릇에 올리브유를 고루 발라 주세요.

5 그라탱 그릇에 달걀과 떡국 떡, 고구마 1/2 분량을 깔아 주세요.

6 화이트소스 1/2 분량을 ⑤ 위에 뿌려 주세요.

7 남겨 두었던 달걀, 떡국 떡, 고구마를 얹어 주세요.

8 나머지 화이트소스도 ⑦ 위에 얹어주세요.

9 피자 치즈를 얹고 큼직하게 자른 슬라이스 치즈를 얹어 그대로 전자레인지에 넣고 700W에서 3분간 가열해 주세요.

콩나물밥

보통 콩나물은 숙취 해소를 위해 많이 준비하시죠? 콩나물에는 뇌세포에 산소 공급을 원활하게 해주는 성분이 들어 있어서 머리를 맑게 유지해 준다고 해요. 이제 해장이 아니라도 콩나물과 더욱 친해져야겠어요.

재료준비

쌀 1컵, 물 1컵, 쇠고기 50g, 콩나물 70g, 볶음용 기름 약간
쇠고기양념 진간장 · 다진 파 1작은술씩, 다진 마늘 · 깨소금 · 참기름 1/2작은술씩
양념장 진간장 2큰술, 고춧가루 · 다진 마늘 1작은술씩, 설탕 1/2작은술, 다진 파 1큰술, 깨소금 · 참기름 약간씩

1 쌀은 깨끗이 씻고 체에 밭쳐 물기를 빼 주세요. 쇠고기는 채 썰어 주세요.

2 볼에 채 썬 쇠고기를 넣고 쇠고기양념을 넣어 조물조물 무쳐 주세요.

3 팬에 기름을 약간 두르고 ②를 살짝 볶아 주세요. 콩나물은 깨끗이 손질해서 씻은 후 물기를 빼 주세요.

4 전자레인지용 냄비에 쌀을 넣고 그 위에 콩나물과 볶아 놓은 쇠고기를 얹은 후 따뜻하게 데운 물을 부어 주세요.

5 양 끝에 1cm 정도의 틈을 주고 랩을 씌워 주세요.

6 700W에서 10분간 가열해 주세요.

7 10분간 가열한 후 꺼내서 고루 섞어 주세요.

8 다시 랩을 씌워 전자레인지에 넣고 700W에서 3분간 가열해 주세요.

9 작은 볼에 양념장 분량을 모두 섞어서 콩나물밥을 비벼 먹을 양념장을 만든 후 콩나물밥과 곁들여 내세요.

멸치피망볶음

칼슘과 비타민 C 섭취는 멸치피망볶음 하나로 완전 해결돼요. 뼈대 있는 가문의 멸치, 그리고 귤 한 개의 30배가 넘는 비타민 C를 함유한 피망으로 몸도 튼튼! 뼈도 튼튼! 피로회복까지 한 방에! 전자레인지로 간단히 만드는 밑반찬의 매력에 빠져 보시겠어요?

잔멸치 3큰술, 피망 1개
양념장 다진 마늘 1/2작은술, 참기름 2작은술, 진간장 1작은술

1 멸치는 내열 접시 위에 키친타월을 깔고 그 위에 고루 펼친 후 전자레인지에 넣고 700W에서 40초간 가열해 주세요.

2 피망은 가운데 심과 씨를 제거하고 엄지손톱 정도의 크기로 잘라서 준비해 주세요.

3 양념장 분량의 재료를 볼에 넣고 잘 저어서 섞어 둡니다.

4 ③의 양념장에 ①의 멸치를 넣고 양념이 잘 배도록 섞어 줍니다.

5 전자레인지용 그릇에 피망부터 바닥에 깔고 그 위에 양념에 버무린 멸치를 고루 펴서 얹어 주세요.

6 내열 그릇 양 끝에 0.5~1cm 틈을 주고 랩을 씌운 후 전자레인지 회전판에 얹어 1분 40초간 가열합니다.

고추장멸치볶음

잔멸치 20g, 아몬드 슬라이스 15g
양념장 고추장 · 포도씨유 1큰술씩, 올리고당 · 다진 마늘 1/2작은술씩, 통깨 약간

1 멸치는 내열접시에 키친타월을 깔고 그 위에 얹어 40~50초간 전자레인지에 가열해 주세요.
2 양념장에 재료를 모두 넣고 고루 섞어 주세요.
3 전자레인지에서 꺼낸 멸치와 아몬드 슬라이스에 양념장을 고루 버무려 내열그릇에 펴서 담고 양 끝에 2cm 정도의 틈을 주고 랩을 씌워 전자레인지에 1분 30초 정도 돌려 줍니다.
4 접시에 담은 후 통깨를 살살 뿌려 주세요.

초간단연근조림

몸 안의 독소를 제거해 주는 건강 채소, 연근! 특히 몸 안에 쌓여 있는 니코틴 해독엔 연근이 최고예요. 평소 담배를 많이 피우시는 아빠나 남편에게 꼭 챙겨드려야겠죠? 또 풍부한 섬유질로 여성분들의 변비 고민까지 해결해 준답니다.

연근 200g, 식초, 1/2작은술, 통깨 약간
양념장 진간장 · 설탕 · 참기름 1큰술씩

1 연근은 껍질을 벗긴 후 2cm 두께로 썰어 두세요.

2 볼에 연근이 잠길 정도로 물을 붓고 식초를 1/2작은술 넣은 후 연근을 잠시 넣어 두세요.

3 식촛물에서 꺼낸 연근의 물기를 제거한 후 한입 크기로 잘라 주세요.

4 내열 볼에 연근을 담고 양 끝을 1cm 정도 남기고 랩을 씌운 후 전자레인지에 넣고 2분 40초간 가열해 주세요.

5 작은 볼에 양념장 분량을 넣고 섞어 양념장을 만들어 둡니다.

6 내열 볼에 연근을 담고 양념장을 고루 끼얹어 줍니다.

7 양념장을 끼얹은 연근 위에 종이 호일을 덮고 그 위에 내열 볼보다 작은 접시나 전자레인지전용 덮개를 덮어 주세요.

8 덮개를 덮은 볼을 양 끝 1cm 정도를 남기고 랩으로 씌워 전자레인지에 넣고 4분 40초간 가열해 줍니다. 접시에 담아낼 때는 통깨를 조금 뿌려 주세요.

진미채 볶음

요즘 같은 급식 세대가 아닌 도시락 세대인 우리들……. 도시락 밑반찬으로 빠지지 않았던 것 중 하나가
진미채 볶음이죠? 매일 매일 먹어도 질리지 않는 쫄깃한 진미채 볶음을 만들어 봐요. 시간 날 때 만들어
두면 반찬 걱정 없이 마음이 든든해져요.

진미채 60g, 통깨 1/2작은술
양념장 고추장 · 포도씨유 · 올리고당 1큰술씩, 설탕 1작은술, 진간장 · 다진 마늘 1/2작은술씩

1 진미채는 가위로 먹기 좋은 크기로 잘라서 준비합니다.

2 양념장 분량을 모두 넣고 고루 섞어 주세요.

3 볼에 진미채와 양념장을 넣고 양념장이 고루 배도록 조물조물 버무려 주세요.

4 내열 그릇에 양념에 버무린 진미채를 겹치지 않도록 바닥에 펴서 켜켜이 담아 줍니다.

5 양 끝에 1cm 정도의 틈을 남기고 랩을 씌운 후 전자레인지에 40초간 가열합니다. 그릇에 담아 통깨를 살짝 뿌려 주세요.

매운쥐포무침

쥐포 3장
양념장 고추장 · 참기름 1큰술씩, 진간장 · 깨소금 1작은술씩, 설탕 1/2큰술

1 쥐포는 깨끗이 닦아 앞뒤를 살짝 구운 후 한입 크기로 잘라 둡니다.
2 양념장을 모두 넣고 고루고루 섞어 주세요.
3 양념장에 잘라 둔 쥐포를 넣고 잘 버무리면 간단하게 쥐포무침 완성!

쇠고기감자조림

이것저것 다른 반찬을 준비하다 보면 조림을 하느라고 가스레인지에 올려 놓은 냄비를 깜박 잊는 일이 종종 있어요. 하지만 전자레인지로 요리하면 시간 맞춰 버튼만 눌러 주시면 되니까, 냄비 태울 걱정 같은 건 전혀 안 하셔도 돼요. 이제 마음 놓고 조림 요리 해 보세요.

당근 1/4개, 양파 1/3개, 감자 70g, 완두 2큰술, 쇠고기 100g

쇠고기 양념 진간장 · 조림용 맛간장 · 물엿 · 설탕 1큰술씩, 다진 마늘 1/2작은술, 물 2큰술

1 당근과 양파는 굵게 채 썰어 주세요.

2 감자는 큼직하게 썰어서 모서리를 다듬어 주시구요, 완두는 체에 밭쳐서 뜨거운 물을 끼얹은 후 물기를 빼 주세요.

3 쇠고기는 5cm 정도의 길이로 채 썰어 주세요.

4 작은 볼에 쇠고기 양념 재료를 모두 넣고 섞어 주세요.

5 볼에 쇠고기를 넣고 양념을 넣어 조물조물 무쳐 주세요.

6 전자레인지용 냄비에 양념에 무쳐 놓은 쇠고기를 도넛 모양으로 얹어 주세요.

7 가운데에 당근, 양파, 감자, 완두를 넣어 주세요.

8 종이호일을 덮고 그 위에 냄비보다 작은 접시를 눌러준 후 전자레인지용 뚜껑을 덮어 주세요.

9 전자레인지에 넣고 700W에서 10분 30초간 가열해 주세요.

깻잎찜

뽀빠이가 좋아하는 시금치보다도 칼슘이 풍부한 것이 깻잎이랍니다. 이제 뽀빠이 부르지 마시고 향긋한 깻잎 드시고 힘내세요. 양념된 깻잎찜만 있으면 밥 한 공기는 금세 뚝딱이죠. 고기쌈에 생깻잎 대신 쌈 싸 먹어도 그만이에요.

깻잎 20장
양념장 마늘 3개, 홍고추 1개, 파 1/2대, 진간장 2큰술, 물 · 고춧가루 · 통깨 1큰술씩, 참기름 · 설탕 1작은술씩

1 깻잎은 흐르는 물에 씻은 후 물기를 빼 주세요.

2 양념장에 들어갈 재료 중 마늘과 홍고추, 파는 잘게 다져 주세요.

3 볼에 양념장 재료를 모두 넣고 고루 섞어 주세요.

4 전자레인지용 접시에 깻잎을 2장씩 올리고 양념장을 펴 바르며 겹쳐 올려 주세요.

5 양끝에 1cm 틈을 주고 랩을 씌운 후 전자레인지에 넣고 700W에서 2분간 가열해 주세요.

깻잎샐러드

깻잎 10장, 적채 1장, 양파 1/5개, 당근 1/5개
양념장 진간장 · 피쉬소스 1큰술씩, 설탕 1/2큰술, 고춧가루 · 깨소금 1작은술씩, 다진 마늘 2작은술

1 깻잎과 적채, 양파, 당근은 곱게 채 썰어 주세요.
2 양념장 재료를 작은 볼에 모두 섞어 주세요.
3 볼에 채 썬 ①을 넣고 양념장을 넣어 먹기 전에 무쳐서 접시에 담아 주세요.

달걀찜

자주 만들어 먹는 만만한 반찬이 달걀찜인데 이게 은근히 노하우가 필요하죠? 전 항상 찜통 옆에 서서 뚜껑을 열었다 닫았다 속을 훔쳐보며 달걀찜 하나에 매달렸거든요. 하지만 전자레인지를 사용하시면 간단히 버튼만 꾹 누르고 편히 쉬셔도 돼요. 전자레인지 안에서 달걀찜이 만들어지는 동안 여유 있게 다른 반찬을 준비하세요.

달걀 2개, 표고버섯(大) 1개, 냉동 새우 6개, 물 1컵, 가쓰오간장 · 맛술 1작은술씩, 소금 약간

1 볼에 달걀을 넣고 거품기로 풀어 주세요.

2 달걀을 체에 한번 걸러 알끈을 제거해 주세요.

3 표고버섯은 기둥을 떼어 잘게 자르고 냉동 새우는 끓는 물에 살짝 데친 후 잘라 주세요.

4 볼에 따뜻하게 데운 물과 가쓰오장, 맛술, 소금을 넣고 고루 섞어 주세요.

5 전자레인지용 냄비에 ②를 부은 후 ④를 부어서 섞어 주세요.

6 냄비에 랩을 씌운 후 가운데 구멍을 낸 도넛 모양의 종이를 얹어 주세요.

7 전자레인지의 회전판에 나무젓가락을 올려 주세요. 전자레인지에 넣고 700W에서 6분간 가열해 주세요.

8 가열한 후 꺼내서 랩을 벗기고 잘게 자른 표고와 냉동 새우를 군데군데 얹은 후 다시 랩을 씌워 전자레인지에 넣고 2분간 가열해 주세요.

9 다시 꺼내서 뒤섞어 준 후 랩을 씌우지 않고 1분간 가열해 주세요.

마파두부

간단하게 만들 수 있는 중국음식 중 하나가 마파두부인데요, 따끈한 밥만 있으면 금세 덮밥으로 변신해서 훌륭한 한 끼 식사가 된답니다. 오늘 저녁 메뉴는 간단하지만 흔치 않은 마파두부로 정해 보시면 어떨까요?

두부 1모(300g), 물 1/2컵, 다진 돼지고기 100g
마파소스 진간장 2큰술, 두반장 · 다진 마늘 · 다진 파 · 참기름 1작은술씩, 다진 생강 1/2작은술, 설탕 1큰술, 전분 3작은술

1 두부는 키친타월에 올려 물기를 닦은 후 사방 2cm 정도 크기로 잘라 주세요.

2 키친타월을 깐 전자레인지용 접시에 잘라 놓은 두부를 얹어 주세요.

3 양끝에 1cm 틈을 주고 랩을 씌운 후 전자레인지에 넣고 700W에서 1분 50초간 가열해 주세요.

4 볼에 마파소스 재료를 모두 넣고 고루 섞어 주세요.

5 마파소스에 따뜻하게 데운 물을 넣고 잘 섞어 주세요.

6 다진 돼지고기를 ⑤에 넣고 고루 섞어 주세요.

7 전자레인지용 냄비에 ③의 두부를 넣고 준비해둔 ⑥의 소스를 고루 흘려 넣어 주세요.

8 냄비에 양 끝에 1cm 틈을 주고 랩을 씌운 후 전자레인지에 넣고 700W에서 6분간 가열해 주세요.

애호박찜

전으로 부쳐 먹거나 찌개에 자주 넣는 애호박을 전자레인지를 이용해 깔끔하게 만들어 보세요. 전이나 찌개보다 애호박 그대로의 맛과 색이 살아 있어서 좋아요. 무엇보다 좋은 점은 짧은 시간에 간단히 만들 수 있다는 거죠. 밑반찬 만들기를 전자레인지와 함께라면 자신감을 가지세요.

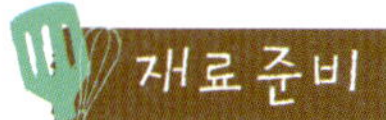

애호박 1개, 소금 약간, 올리브유 1작은술
양념 진간장 2큰술, 물 · 다진 파 1큰술씩, 고춧가루 1/2작은술, 다진 마늘 · 참기름 · 깨소금 1작은술씩, 다진 홍고추 1/2개

1 애호박을 깨끗이 씻고 모양을 살려 0.5cm 정도의 두께로 잘라 주세요.

2 애호박을 접시에 담고 소금을 뿌려 살짝 절여 주세요.

3 애호박에서 나온 물기를 닦고 윗면에 올리브유를 발라 주세요.

4 접시 양 끝에 1cm 정도의 틈을 주고 랩을 씌운 후 전자레인지에 넣고 700W에서 1분 50초간 가열해 주세요.

5 볼에 양념 재료를 넣고 고루 섞어 주세요.

6 ④의 애호박에 양념 1/2 분량을 고루 발라 주세요.

7 다시 랩을 씌운 전자레인지에 넣고 700W에서 1분간 가열해 주세요.

8 나머지 양념을 바른 후 랩을 씌워 전자레인지에 넣고 700W에서 1분간 더 가열해 주세요.

모시조개미소된장국

시원한 국물 맛을 내 주는 모시조개를 듬뿍 넣은 구수한 된장국 하나면 하루의 피로가 눈 녹듯 사라져요. 또 젓가락으로 조갯살 빼먹는 즐거움도 놓칠 수 없죠! 식사 후 수북하게 쌓인 조개껍질을 보는 것만으로도 흐뭇한 느낌이에요.

모시조개 150g, 미소된장 2작은술

다시마 국물 물 320ml, 말린 다시마 3×3cm 1장, 가쓰오부시 5g

1 따뜻하게 데운 물에 말린 다시마와 가쓰오부시를 넣어 주세요. 랩을 씌운 후 전자레인지에 넣고 700W에서 4분 40초간 가열해 주세요.

2 ①을 체에 한 번 걸러 주세요.

3 모시조개는 물 1컵과 소금 1작은술을 넣은 소금물에 반나절 정도 담가 두어 해감을 뺀 후 흐르는 물에 박박 문질러 주세요.

4 볼에 ②를 담은 후 미소된장을 체에 걸러 넣고 섞어 주세요. 전자레인지용 냄비에 미소된장을 푼 국물을 넣고 해감해 둔 모시조개를 넣어 주세요.

5 냄비 양 끝에 1cm 틈을 남기고 랩을 씌운 후 전자레인지에 넣고 700W에서 5분간 가열해 주세요.

5 모시조개 입이 벌어지지 않는다면 입이 벌어질 때까지 10~20초간 추가로 가열해 주세요.

달걀파국

달걀 1개, 다시마 국물 1+1/2컵, 미소된장 1작은술, 대파 1대

1 모시조개미소된장국의 다시마 국물 만드는 법으로 국물을 만들어 주세요.
2 다시마 국물에 고운 체에 거른 된장을 넣고 풀어 주세요.
3 달걀을 풀어 넣고 고루 섞은 후 대파를 잘게 잘라 넣어 주세요.
4 양 끝에 1cm 정도의 틈을 주고 랩을 씌운 후 전자레인지에 넣고 700W에서 3분 50초간 가열해 주세요.

꽁치소금구이

꽁치는 서리 내릴 때 먹어야 한다는 말 아세요? 계절에 따라 꽁치의 지방 함유량이 달라서 나온 말인데요, 꽁치는 여름철에는 지방 함유량이 10% 전후이던 것이 가을철에는 20% 정도로 높아지고 겨울철에는 다시 5% 정도로 떨어진데요. 그래서 서리가 내리는 10월과 11월의 가을철에 지방 함유량이 가장 높아지므로 이 맘때 꽁치를 드시는 것이 동맥경화 예방에도 좋다고 해요.

꽁치 1마리, 소금 약간

1 꽁치는 칼끝으로 살살 긁어서 비닐을 벗겨 내고 아가미 쪽으로 내장을 뺀 후 흐르는 물에 씻고 물기를 제거해 주세요.

2 꽁치를 절반으로 나누어 잘라 주세요.

3 잘라 둔 꽁치에 소금을 뿌려 주세요.

4 종이호일을 30cm 정도로 잘라서 꽁치를 잘 감싸 주세요.

5 전자레인지 회전판 가장자리에 ④를 올리고 700W에서 2분간 가열해 주세요.

6 2분간 가열 후 꽁치를 한번 뒤집어 놓고 다시 종이호일을 싼 후 전자레인지에 넣어 700W에서 1분 40초간 가열해 주세요.

동맥경화 예방에 좋은 꽁치

꽁치에는 불포화 지방산인 EPA와 DHA가 풍부한데요, 이 둘은 나쁜 콜레스테롤과 중성지방을 저하시켜 준답니다.
또 좋은 콜레스테롤을 증가시키고 혈전을 녹이는 작용을 도와줘서 혈액을 깨끗하게 해주고 동맥경화를 예방해 준대요.
하지만 꽁치에는 요산의 원료인 퓨린이 다량 들어 있으므로 요산 때문에 관절에 염증을 일으키는 통풍 환자나 요산대사
이상으로 관절이 붓고 쑤시는 사람은 가능한 한 먹지 않는 게 좋아요.

고등어된장조림

예전에 드라마에서 전화기를 냉장고에 넣어 놓고 찾는 장면을 보면서 막 웃었는데 며칠 전에 전 찬장에 전화기를 넣고 잊어버려서 한참을 찾았답니다. 고등어에 풍부한 DHA는 뇌의 발달과 활동을 촉진시키고 유연성을 높여 기억과 학습능력을 향상시킨다고 하니까 건망증 때문에 고생하시는 주부님들에게 꼭 필요한 생선 같아요.

고등어 1/2마리, 청·홍고추 1개씩, 생강 1/2개
조림장 미소된장·설탕·맛술·물 2큰술씩

1 고등어는 반으로 잘라 내장과 가시를 제거해 주세요. 청·홍고추는 반으로 잘라서 씨를 제거하고 큼직하게 잘라 두세요.

2 생강은 껍질을 벗기고 편으로 썰어 주세요.

3 볼에 조림장 재료를 모두 넣고 잘 섞어 주세요.

4 전자레인지용 접시에 고등어를 얹고 조림장을 고루 발라 주세요.

5 조림장 바른 고등어 위에 청·홍고추와 생강을 얹어 주세요.

6 접시 양 끝에 1cm 정도의 틈을 주고 랩을 씌운 후 전자레인지에 넣고 700W에서 3분 정도 가열해 주세요.

고등어단호박조림

고등어 1/2마리, 단호박 1/4개, 대파 1/2대, 청·홍고추 1개씩, 물 3/4컵
조림장 진간장·고춧가루 1큰술씩, 꿀(물엿)·고추장 1/2큰술씩, 다진 마늘 1작은술, 다진 생강 1/4작은술, 후춧가루 약간, 물 1/4컵

1 고등어는 내장을 제거하고 세 토막 정도로 잘라 주세요.
2 단호박은 껍질과 씨를 제거하고 큼직하게 썰어 주세요.
3 대파와 청·홍고추는 어슷썰기 해 주세요.
4 작은 볼에 조림장 재료를 모두 넣고 고루 섞어 주세요.
5 뚝배기에 단호박을 깔고 그 위에 고등어를 얹어 주세요.
6 고등어 위에 양념장을 부은 후 10분 정도 재워 두세요.
7 물을 부어준 후 센 불에서 끓이다가 불을 줄인 후 뚜껑을 덮어 조려 주세요.
8 고등어가 익으면 대파와 청·홍고추를 얹은 후 10분 정도 약한 불에서 더 조려 주세요.

시금치무침

재료 손질이 번거로우면 요리를 시작하기도 전에 지쳐 버리는 일이 있어요. 재료 손질을 간단하면서도 빠르게 할 수만 있다면 요리 시간 전체를 줄일 수가 있겠죠? 저처럼 인내심 적으신 분들을 위해 간단하게 시금치를 데치는 방법을 알려 드릴게요. 맛과 영양은 그대로 지키고 조리 시간만 단축하세요.

시금치 100g, 통깨 약간
양념장 진간장 1작은술, 다진 파 · 다진 마늘 · 깨소금 1/2작은술씩, 참기름 2작은술, 올리브유 1작은술, 소금 약간

1 시금치는 밑동을 자른 후 흐르는 물에 깨끗이 씻어 주세요.

2 지퍼백에 물기가 남아 있는 시금치를 넣어 주세요.

3 지퍼백 가운데를 붙이지 말고 열어 두세요.

4 전자레인지에 ③을 넣고 700W에서 1분 10초 정도 가열해 주세요.

5 가열한 후 꺼내서 바로 지퍼백에 찬물을 넣고 흔들어 준 다음 물을 따라 버리고 물기를 꽉 짜서 제거해 주세요.

6 데친 시금치는 적당한 크기로 잘라 주세요.

7 양념장 재료를 작은 볼에 넣고 섞어 주세요.

8 볼에 ⑥을 넣고 양념장을 넣은 후 조물조물 무친 후 접시에 담고 통깨를 살짝 뿌려 주세요.

쇠고기무국

늘씬한 각선미(?)에 반해서 무를 한 개 사들고 오면 저희처럼 식구가 적은 경우에는 뭘 해 먹어야 할지 고민 돼요. 생선이 있다면 함께 조려 주면 최고구요, 가볍게 채 썰어 생채를 만들어도 좋죠. 그래도 아직 무가 남 았다면 국을 준비해 보는 건 어떨까요? 그러고 보니 무 하나면 다른 반찬 걱정 안 해도 되겠는데요?

무 1/4개, 쇠고기(국거리용) 50g, 대파 1/2대, 따뜻한 물 2+1/2컵, 소금 약간
고기 양념 진간장 · 다진 파 1작은술씩, 다진 마늘 · 참기름 1/2작은술씩, 소금 · 후춧가루 약간씩

1 무는 깨끗이 씻어 껍질을 벗긴 후 2cm 정도의 정사각형 모양으로 얄팍하게 잘라 주세요. 쇠고기는 국거리용으로 준비해서 잘게 잘라 주세요.

2 작은 볼에 고기 양념 재료를 모두 넣고 고루 섞어 주세요.

3 볼에 쇠고기를 넣고 고기 양념을 넣어 조물조물 재워 두세요.

4 전자레인지용 냄비에 무를 넣어 깔고 그 위에 양념에 재워 둔 쇠고기를 얹어 주세요.

5 냄비 양 끝에 1cm 틈을 주고 랩을 씌운 후 전자레인지에 넣고 700W에서 6분 정도 가열해 주세요.

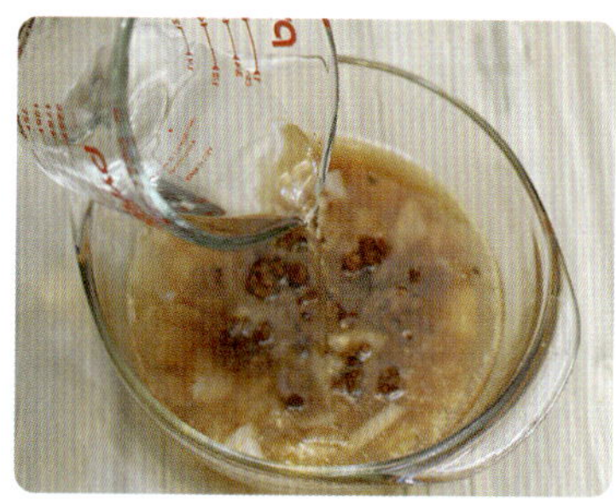

6 꺼내서 따뜻하게 데운 물을 부어 주세요.

7 다시 랩을 씌워 전자레인지에 넣고 700W에서 8분 30초 정도 가열해 주세요.

8 국을 가열하는 동안 대파를 어슷 썰기해 준비해 두세요.

9 가열한 국을 꺼내 썰어 놓은 대파를 얹고 소금으로 간을 맞춘 후 다시 랩을 씌워 2분 정도 가열해 주세요.

김치순두부찌개

예전에 직장 생활을 할 때 주로 도시락을 싸 가지고 다녔는데, 가끔 도시락을 싸 오지 못한 날에는 별다른 고민 없이 시켜 먹었던 게 순두부찌개였어요. 고추기름을 넣은 매콤한 찌개 맛이 그리워 일부러 도시락을 싸 가지 않은 날도 있었답니다. 전자레인지로도 순두부찌개에 들어가는 고추기름을 만들 수 있어요. 집에서 필요할 때마다 뚝딱 만들 수 있는 고추기름 비법, 궁금하시죠?

김치 70g, 대파 1/2대, 모시조개 4~5개, 순두부 1/2팩, 따뜻한 물 1컵, 청 · 홍고추 1/2개씩, 다진 마늘 1작은술, 소금 약간
고추기름 고춧가루 2큰술, 포도씨유 6큰술

1 전자레인지용 컵에 고춧가루와 포도씨유를 넣고 섞어 주세요. 양 끝에 0.5cm 정도 틈을 남기고 랩을 씌워 전자레인지에 넣고 700W에서 1분 10초 정도 가열해 주세요.

2 고운 체에 걸러 주시면 간단하게 고추기름을 만드실 수 있어요.

3 김치를 잘게 썰고 대파는 송송 썰어 주세요.

4 뚝배기에 고추기름을 1큰술 넣고 김치와 대파를 넣어 섞은 후 양 끝에 0.5cm 틈을 남기고 랩을 씌운 후 전자레인지에 넣어 700W에서 2분간 가열해 주세요.

5 김치 위에 순두부와 해감한 모시조개를 얹어 주세요.

6 따뜻한 물을 순두부가 살짝 잠길 정도로 부어서 양 끝에 0.5cm 틈을 남기고 랩을 씌워 전자레인지에 넣고 700W에서 7분 정도 가열해 주세요.

7 순두부를 가열하는 동안 청 · 홍고추를 어슷 썰어서 준비해 주세요.

8 가열한 순두부를 꺼내서 썰어둔 청 · 홍고추와 다진 마늘, 소금을 넣어 간을 맞춰 주세요.

9 다시 랩을 씌워 전자레인지에 넣고 700W에서 1분 30초 정도 가열해 주세요.

삼치조림

저희 집에서 즐겨 먹는 생선 중 하나가 삼치예요. 일단 가격이 저렴하고 기름지지 않은 담백한 맛이 좋아서
생선 코너를 지나갈 때마다 그냥 지나치지 못하고 삼치를 사 들고 오곤 해요. 고등어과에 속하는 삼치지만
고등어와는 또 다른 매력을 지녔답니다. 저와 함께 삼치의 매력에 빠져 보실래요?

삼치 1/2마리, 감자(中) 1개, 청·홍고추 1개씩, 대파 1/2대
조림장 진간장 1+1/2큰술, 고춧가루 1/2큰술, 설탕·다진 마늘 1작은술씩, 물 1/2컵

1 삼치는 비늘과 내장을 제거한 후 2등분해 잘라 등 부분에 ×자 모양으로 칼집을 내 주세요.

2 감자는 껍질을 벗긴 후 도톰하게 썰어 주세요.

3 청·홍고추와 대파는 어슷하게 썰어 주세요. 볼에 조림장 재료를 모두 넣고 고루 섞어 주세요.

4 전자레인지용 접시에 썰어 놓은 감자를 깔고 조림장 1/3 분량을 끼얹어 주세요.

5 양 끝에 1cm 정도의 틈을 주고 랩을 씌운 후 전자레인지에 넣고 700W에서 3분 정도 가열해 주세요.

6 익혀 준 감자 위에 삼치를 얹고 남은 조림장을 2~3큰술 남기고 고루 끼얹어 주세요.

7 다시 양 끝에 1cm 정도의 틈을 주고 랩을 씌워 전자레인지에 넣고 700W에서 4분 40초 정도 가열해 주세요.

8 가열한 삼치 위에 썰어둔 청·홍고추와 대파를 얹고 남은 조림장을 뿌려 주세요.

9 다시 랩을 씌워 전자레인지에 넣고 700W에서 1분 10초간 가열해 주세요.

가지샐러드

더운 여름, 시원한 가지냉국 한 그릇이면 더위를 잊을 수 있죠? 색이 고운 가지를 보면 여름철 잃었던 입맛도 되찾을 수 있는 것 같아요. 여름에 주로 먹게 되는 가지지만 요즘은 사시사철 마트에서 쉽게 구할 수 있어요. 찬 냉국이 부담스러운 계절에는 부드러운 가지샐러드 어떠세요?

가지 2개, 적채잎 2장, 부추 30g
사워크림소스 사워크림 2큰술, 꿀 1큰술, 다진 파인애플 1/2쪽분, 다진 양파 · 파슬리가루 1작은술씩, 다진 마늘 1/2작은술

1 가지는 꼭지를 자르고 껍질을 벗겨 주세요.

2 가지를 랩으로 팽팽하게 싸준 후 전자레인지 회전판 가장자리에 얹고 700W에서 1분 30초간 가열해 주세요.

3 가열 후 뒤집어서 다시 전자레인지 회전판의 가장자리에 얹고 700W에서 1분 30초간 더 가열해 주세요.

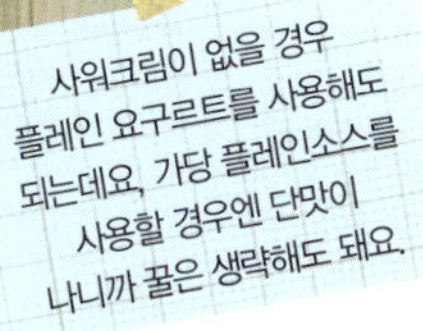

4 가열 후 꺼내서 4~5cm 길이로 썰어 냉장고에 넣어 두세요.

5 부추는 물에 살살 흔들어 씻어 물기를 제거하고 4~5cm 정도의 길이로 자르고 적채 역시 비슷한 길이로 채 썰어 주세요.

6 작은 볼에 사워크림소스 재료를 모두 넣고 고루 섞어 주세요.

7 냉장고에 넣어 두었던 가지를 꺼내서 볼에 넣고 사워크림소스 1/2 분량을 넣어 고루 섞어 주세요.

8 접시에 채 썬 적채를 고루 펴 담고 그 위에 ⑦을 얹어 주세요.

9 가지 위에 부추를 얹은 후 남은 사워크림소스를 뿌려 주세요.

채소닭안심조림

초대한 손님에 따라 준비하는 음식이 조금씩 차이가 나는 법인데요, 젊은 여자 손님들을 초대했을 경우 칼로리 부담이 낮은 요리들이 인기를 끌게 되죠. 퍽퍽한 닭 가슴살보다 부드러운 안심살과 많이 먹어도 칼로리가 낮은 곤약을 넣어 함께 요리하신다면 아마 인기 만점 아닐까요?

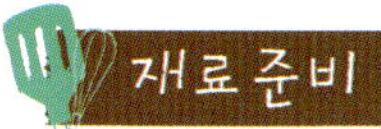

닭(안심살) 120g, 곤약 100g, 모둠 채소(당근, 그린빈, 옥수수, 완두) 150g
조림장 진간장 · 조림용 맛간장 · 꿀 · 설탕 · 물 1큰술씩

1 닭 안심은 힘줄을 제거하고 한입 크기로 잘라 주세요.

2 곤약은 끓는 물에 살짝 데친 후 2cm 크기로 썰고 냉동 모둠 채소도 살짝 데쳐서 물기를 뺀 후 준비해 주세요.

3 전자레인지용 볼에 키친타월을 깔고 잘라둔 곤약을 얹어 주세요.

4 양 끝에 1cm 정도의 틈을 남기고 랩을 씌운 후 전자레인지에 넣어 700W에서 1분 50초간 가열해 주세요.

5 작은 볼에 조림장 재료를 모두 넣고 고루 섞어 주세요.

6 닭 안심에 조림장을 넣고 잠시 재워 두세요.

7 전자레인지용 냄비에 모둠 채소를 먼저 깔고 가운데 곤약을 놓은 후 조림장에 재워둔 닭 안심을 곤약 둘레에 돌아가며 얹어 주세요.

8 종이호일을 잘라 덮고 그 위에 전자레인지용 뚜껑을 눌러 덮은 후 양 끝에 1cm 정도의 틈을 남기고 랩을 씌워 전자레인지에 넣고 700W에서 8분 30초 정도 가열해 주세요.

탕수육

전 '중국요리' 하면 탕수육이 제일 먼저 생각나요. 만들기 어렵거나 번거롭지 않을까 싶은데 만들어보면 의외로 간단하답니다. 전자레인지로 만드는 탕수육, 신기하시죠? 더운 여름철 가스레인지 앞에서 튀기고 볶으며 땀 흘리지 않아도 간편하게 만드는 탕수육이랍니다.

돼지고기(등심) 150g, 청 · 홍피망 1/3개씩, 양파 1/4개, 통조림 옥수수 2큰술, 통조림 완두 1큰술, 밀가루 1큰술,
소금 · 후춧가루 약간씩
탕수소스 토마토케첩 · 설탕 · 물 2큰술씩, 간장 · 식초 · 맛술 1큰술씩
물녹말 녹말가루 · 물 2작은술씩

1 돼지고기 등심을 준비해서 군데군데 칼집을 넣어 두세요. 고기를 한입 크기로 적당히 잘라 주세요.

2 청 · 홍피망과 양파는 큼직하게 잘라 두세요. 통조림 옥수수와 통조림 완두는 뜨거운 물을 한번 끼얹은 후 물기를 빼 주세요.

3 작은 컵에 탕수소스 재료를 모두 넣고 잘 저어서 섞어 주세요.

4 밀가루에 소금과 후춧가루를 넣고 잘 섞어 주세요. 고기를 밀가루에 넣고 고루 묻혀 주세요.

5 전자레인지용 접시에 채소와 잘라 둔 청 · 홍피망과 양파 그리고 옥수수와 완두를 섞어 깔아 주세요.

6 밀가루옷을 입힌 고기를 접시 둘레를 따라 얹어 주세요.

7 탕수소스를 조금씩 흘려 넣어 주세요.

8 양 끝에 1cm 정도의 틈을 주고 랩을 씌운 후 전자레인지에 넣어 700W에서 6분간 가열해 주세요.

9 가열한 후 뜨거울 때 물녹말을 뿌려서 섞어 걸쭉하게 만들어 주세요.

소시지미트로프

다진 고기로 만드는 부드러운 미트로프는 어느 연령대라도 부담 없이 대접할 수 있는 멋진 요리랍니다. 속에 어떤 것을 넣느냐에 따라 조금씩 다른 느낌을 줘서 여러 가지로 응용해 보는 즐거움도 크고요. 초대한 손님들의 접시 위에 예쁜 속이 드러나도록 한 조각씩 잘라 드리면 다들 감탄하시겠죠?

다진 돼지고기 200g, 빵가루 20g, 우유 2큰술, 달걀 1개, 소금 1/2작은술, 후춧가루 약간, 베이컨 100g,
소시지 2개, 올리브유 1큰술

1 빵가루에 우유를 넣고 섞어서 부드럽게 불려 주세요. 볼에 달걀을 넣고 소금과 후춧가루를 넣어 잘 섞어 주세요.

2 불린 빵가루를 달걀에 넣고 섞어 주세요. 여기에 다진 돼지고기를 넣고 고루 섞어 주세요.

3 전자레인지용 그릇에 올리브유를 붓으로 고루 발라 주세요.

4 베이컨을 올리브유 바른 그릇에 펴서 얹어 주세요. 고기 반죽을 베이컨 위에 1/2 정도 채우고 숟가락으로 눌러 주세요.

5 소시지를 반죽 위에 얹어 주세요. 남은 고기 반죽을 소시지 위에 얹고 위를 평평하게 다듬어 주세요.

6 베이컨으로 반죽을 빈틈 없이 덮어 주세요.

7 종이호일로 반죽 위를 덮고 작은 그릇으로 그 위를 눌러준 후 양 끝에 약간의 틈을 주고 랩을 씌워 주세요.

8 전자레인지 회전판에 젓가락을 올려 놓고 그 위에 ⑦을 얹어 주세요.

9 전자레인지에 넣고 700W에서 9분 30초간 가열해 주세요.

서양대추약식

명절음식에서 빠지면 서운한 음식 중 하나가 바로 약식이지요? 번거롭다고 생각하셔서 요즘은 사다 드시는 분들도 많으신데 이제 전자레인지로 부담감을 덜어 보세요. 명절 손님접대뿐만 아니라 잘 포장하면 선물로 도 더할 나위 없이 좋답니다.

찹쌀 1컵, 물 1컵, 밤 6톨, 서양대추 7개, 잣 2큰술, 진간장 · 참기름 1큰술씩, 계핏가루 1/2작은술, 소금 · 후춧가루 약간씩
캐러멜소스 설탕 3큰술, 물 6작은술

1 찹쌀을 깨끗이 씻어 체에 밭쳐서 물기를 빼 주세요.

2 찹쌀을 전자레인지용 냄비에 넣고 따뜻하게 데운 물을 부은 후 껍질 벗긴 밤을 찹쌀에 얹어 주세요.

3 종이호일을 잘라서 얹고 그 위에 접시를 눌러준 후 전자레인지용 뚜껑을 덮어 전자레인지에 넣고 700W 에서 5분간 가열하고, 다시 200W로 낮 춰서 10분간 가열한 후 5분 정도 그대 로 뜸을 들인 다음 골고루 섞어 주세요.

4 서양대추를 잘게 썰고 잣은 깨끗 이 다듬어 놓으세요.

5 설탕에 물을 넣고 전자레인지를 이 용해 캐러멜소스를 만들어 주세요.

6 볼에 잘게 자른 서양대추와 잣을 넣고 진간장, 참기름, 계핏가루, 소금, 후춧가루를 넣은 후 캐러멜소스를 부어서 고루 섞어 주세요.

7 찹쌀밥에 ⑥을 넣고 잘 버무려서 섞어 주세요.

8 양 끝에 1cm 정도의 틈을 주고 랩을 씌운 후 전자레인지에 넣고 700W에서 9분 정도 가열해 주세요.

9 완성된 약식을 뜨거울 때 사각형 그릇에 랩을 깔고 눌러 담은 후 충분히 식힌 후 잘라 주세요.

팔보채

첫 집들이를 준비하면서 어떤 음식을 할까 얼마나 고민을 많이 했던지, 집들이 치르기도 전에 몸살이 나서 쓰러졌었어요. 이렇게 간단하게 팔보채를 만들 줄 알았다면 고민하다 몸살까지 나지는 않았을 것을……. 역시 아는 게 힘이에요!

재료 준비

오징어 1마리, 돼지고기 70g, 청·홍피망 1/3개씩, 당근 1/3개, 대파 1/2대, 통조림 완두 2큰술, 표고버섯 3장, 죽순 1/4개
조림장 물 1/2컵, 설탕·우스터소스·기름·전분 2작은술씩, 소금 1/2작은술

1 오징어는 굵은 소금을 뿌려서 문질러 껍질을 벗겨낸 후 잘게 칼집을 넣어 잘라 주세요.

2 오징어는 깨끗이 씻어 물기를 뺀 후 한입 크기로 자르고 돼지고기는 채 썰어 주세요.

3 청·홍피망은 씨를 빼고 가늘게 채 썰어 주세요.

4 당근과 대파는 4cm 정도의 길이로 채를 썰고 완두는 끓는 물에 끼얹은 후 물기를 빼 주세요. 표고버섯은 기둥을 떼어 채 썰고 죽순은 모양을 살려 썰어 주세요.

5 볼에 조림장 재료를 모두 넣고 잘 섞어 주세요.

6 채 썰어 놓은 고기에 조림장을 붓고 잠시 재워 두세요.

7 전자레인지용 냄비에 죽순→표고버섯→대파→통조림 완두→당근 순으로 올려 주세요.

8 오징어를 가운데 얹고 그 둘레로 고기를 얹은 후 조림장을 뿌려 주세요.

9 종이호일을 덮고 그 위에 접시를 누른 후 양 끝에 1cm 틈을 남기고 랩을 씌운 후 전자레인지에 넣고 700W에서 10분 정도 가열해 주세요.

칠리새우

제가 보기만 하면 눈이 반짝이는 게 바로 새우예요. 그래서 손님을 초대해도 빠지지 않고 만들게 되는 게 새우요리예요. 어쩌면 손님들보다 제 취향에 맞추는 것 같아 웃음도 나지만, 그래도 새우는 늘 인기 만점이었어요.

중하 10~12마리, 대파 1대
칠리소스 토마토케첩 3큰술, 맛술 1큰술, 진간장 1/2작은술, 다진 마늘 1/4작은술, 참기름 · 전분가루 1작은술씩

1 새우는 머리를 자르고 꼬리를 남긴 후 껍질을 벗겨 주세요.

2 대파는 어슷썰기 해 주세요.

3 전자레인지용 접시에 새우 꼬리를 맞대고 돌려 얹어 주세요.

4 대파를 새우 꼬리 쪽에 얹어 주세요.

5 볼에 칠리소스 재료를 모두 넣고 고루 섞어 주세요.

6 칠리소스를 새우에 고루 끼얹어 주세요.

7 양 끝에 1cm 정도의 틈을 주고 랩을 씌워 주세요.

나무젓가락 위에 접시를 올려 놓으면 전자파가 젓가락 사이로 통과하면서 뒤집지 않아도 아래쪽까지 고루 익어요.

8 전자레인지의 회전판 위에 나무 젓가락을 놓고 그 위에 ⑦을 얹어 700W에서 6분 30초간 가열해 주세요.

녹차크림소스 스파게티

부드러운 크림소스스파게티는 먹는 사람의 마음도 부드럽게 해 주는 듯해요. 처음 만나거나 처음 집을 방문한 손님과의 어색한 관계도 크림소스 스파게티를 먹으면 부드럽게 바뀔 것 같아요.

스파게티 40g, 물 2+1/2컵, 칵테일 새우 6개, 냉동 관자 2개, 통조림 완두 · 통조림 옥수수 1큰술씩
녹차 크림소스 생크림 · 우유 1/4컵씩, 녹차가루 · 치즈 가루 1작은술씩, 달걀 1/2개, 녹말가루 1/2작은술,
소금 · 후춧가루 약간씩

1 스파게티는 길이를 절반으로 잘라 주세요.

2 전자레인지용 냄비에 스파게티를 넣고 따뜻하게 데운 물을 부어 주세요.

3 양 끝에 1cm 정도의 틈을 주고 랩을 씌워 전자레인지에 넣고 700W에서 6분 정도 가열해서 스파게티를 삶아 주세요.

4 삶은 스파게티는 체에 밭쳐 식히면서 물기를 빼 주세요. 칵테일 새우와 관자는 끓는 물에 살짝 데친 후 관자는 큼직하게 잘라 주세요.

5 통조림 옥수수와 통조림 완두는 뜨거운 물을 끼얹은 후 물기를 빼 주세요.

6 볼에 크림소스 재료를 모두 넣고 거품기로 잘 섞어 주세요.

7 전자레인지용 냄비에 스파게티를 담고 그 위에 칵테일 새우, 관자, 완두, 옥수수를 올려 주세요.

8 녹차 크림소스를 ⑦에 고루 부어 주세요.

9 양 끝에 1cm 틈을 주고 랩을 씌운 후 전자레인지에 넣고 700W에서 4분 30초간 가열해 주세요.

햄고구마그라탱

손님 중에서도 꼬마 손님들 입맛 맞추는 일이 제일 어렵더라고요. 쭉쭉 늘어나는 피자치즈를 얹은 그라탱으로 꼬마 손님의 입맛을 사로잡아 볼까요? 치즈는 칼슘이 풍부해서 성장기 어린이들에게 최고에요. 혹시 편식하는 꼬마 손님이라면 평소 안 먹던 채소들을 잘게 잘라 넣어도 좋답니다.

고구마 100g, 닭 가슴살 슬라이스 햄 100g, 피자치즈 20g, 슬라이스 치즈 1장, 파슬리 약간
소스 생크림 1/2컵, 미소된장 · 설탕 1큰술씩, 전분가루 1작은술

1 고구마는 껍질을 벗기고 잘게 채 썰어 주세요. 닭 가슴살 슬라이스 햄도 채 썰어서 준비해 주세요.

2 볼에 소스 재료를 모두 넣고 고루 섞어 주세요.

3 그라탱 그릇에 고구마와 슬라이스 햄을 넣어 주세요.

4 준비된 소스를 ③에 부어주세요.

5 피자치즈와 슬라이스 치즈를 얹고 파슬리를 뿌린 후 아무것도 씌우지 말고 전자레인지에 넣고 700W에서 5분 30초간 가열해 주세요.

필라프, 리조또, 도리아, 그라탱의 차이점

필라프는 원래 중동에서 나온 필라우에서 유래된 것으로 주로 쌀을 이용해서 기름에 볶거나 기름 없는 팬에 뜨거운 국물을 부어 뚜껑을 덮어 끓이거나 오븐에 넣어 조리하는 것으로 완성된 필라프는 쌀알의 질감을 느낄 수 있어야 합니다.

리조또는 이탈리아 요리로 쌀을 볶다가 육수를 첨가해 끓이면서 쌀의 전분이 천천히 풀어져 나와 쌀알의 형태를 유지하면서 부드러운 크림 같은 질감을 가지게 되는 것입니다.

도리아는 도리스 지방의 그라탱을 지칭하는 것으로 고기나 생선, 면류 등을 한 가지 또는 여러 가지와 섞어 접시에 담고 치즈를 얹어 오븐에서 구워 내는 것을 말합니다.

그라탱은 고기, 생선, 야채 등을 그라탱 접시에 담고 소스를 뿌린 후 치즈와 빵가루도 뿌려서 오븐에서 겉이 노릇노릇 하도록 구워낸 서양 요리에요.

미니 생크림 케이크

직접 케이크를 만들고 싶은데 오븐이 없어서 포기하신 적 많으시죠? 이제 전자레인지만 있으면 작지만 멋진 케이크를 만드실 수 있어요. 앞으론 손수 만든 케이크로 소중한 사람들의 기념일을 챙겨 보세요. 주는 기쁨과 받는 행복에 사람들과의 사랑과 믿음도 더 깊어질 거예요.

달걀 1개, 설탕 · 박력분 3큰술씩, 베이킹파우더 1/4작은술, 생크림 1컵, 설탕 · 시럽 2큰술씩, 딸기잼 1큰술,
녹인 버터(그릇에 바르는 용도) 1작은술

1 볼에 달걀과 설탕을 넣고 핸드믹서로 섞어 주세요. 볼 아래에 따뜻한 물을 담은 볼을 넣고 중탕인 상태로 핸드믹서로 섞어 주세요.

2 반죽이 4배 정도 부풀어 걸쭉한 상태로 떨어질 때까지 섞어 주다가 중탕한 볼을 빼고 1분 정도 더 저어 주세요.

3 체 친 박력분과 베이킹파우더 섞은 것을 넣고 주걱으로 가볍게 섞어 주세요. 전자레인지용 그릇에 녹인 버터나 오일을 고루 발라 주세요.

4 그릇에 반죽을 천천히 부은 후 바닥에 한두 번 쳐서 평평하게 만들어 주세요. 그릇 위에 랩을 씌워 주세요.

5 전자레인지용 회전판에 젓가락을 깔고 그 위에 반죽 그릇을 얹은 후 전자레인지에 넣고 200W에서 3분 50초간 가열해 주세요.

6 전자레인지에서 꺼낸 후 5분 정도 그대로 두었다가 꺼내서 2등분해 잘라 주세요.

7 차가운 볼에 생크림과 설탕을 넣고 핸드믹서로 거품을 올려 주세요. 윤기가 나고 단단하게 거품을 올려 주세요.

8 잘라둔 케이크 위쪽에 시럽을 바르고 그 위에 딸기잼을 바른 후 거품 올린 생크림을 발라 주세요.

9 그 위에 남은 케이크 조각을 올리고 생크림을 스페츌러로 고루 매끈하게 다듬은 후 바르고 장식해 주세요.

초콜릿선물상자

밸런타인데이와 화이트데이는 이제 남녀노소 누구에게나 그냥 지나치기 힘든 날이 되어 버렸어요. 주변에 파는 많은 초콜릿을 쉽게 사서 선물할 수도 있지만 조금만 정성을 들여 직접 만든 나만의 초콜릿을 선물하신다면 받는 분의 감동이 배가 될 거예요.

캔디멜츠(또는 코팅용 초콜릿) 빨간색 30g, 캔디멜츠 코코아색 200g

1 빨간색과 코코아색의 캔디멜츠를 준비해 주세요.

2 일회용 비닐 짤 주머니에 캔디멜 츠를 적당량 넣어 주세요.

3 전자레인지 회전판 가장자리에 놓 고 700W에서 30초 가열한 후 꺼 내서 주물러 준 후 다시 넣고 30초간 더 가열해 주세요. 녹는 상태를 보고 10~20초간 추가로 가열해 주세요.

4 먼저 리본 부분을 녹인 빨간색 캔 디멜츠로 채우고 굳혀 주세요.

5 리본 부분이 완전히 굳으면 코코 아색 캔디멜츠를 녹여서 나머지 부분을 채우고 충분히 굳힌 후 몰드에 서 빼 주세요.

오레오 키세스

화이트 초콜릿(코팅용) 100g, 오레오 쿠키 4개

1 오레오 쿠키는 가운데 크림을 제거하고 봉지에 넣은 후 방망이로 잘게 부셔 주세요.
2 볼에 화이트 초콜릿을 넣고 중탕으로 녹여 주세요.
3 중탕으로 녹인 화이트 초콜릿에 잘게 자른 오레오 쿠키를 넣고 고루 섞어 주세요.
4 몰드에 ③을 붓고 굳혀 주세요.
　(남은 초콜릿은 다른 몰드를 이용해 굳혀 주세요.)

녹차밤파운드

햇살 좋은 오후에 홍차와 함께 곁들여 내면 좋을 파운드랍니다. 녹차파운드 속에 밤이 쏙 쏙 박혀 있어 고소한 맛과 부드러운 맛의 조화가 일품이지요. 밤을 좋아하는 사람들은 파운드 속에 박힌 밤부터 빼 먹을지도 몰라요.

버터 36g, 달걀 1개, 설탕 27g, 박력분 27g, 베이킹파우더 1/4작은술, 녹차가루 1작은술, 밤 다이스 2큰술, 나빠쥬 1큰술

1 버터는 잘게 잘라 내열 볼이나 컵에 넣고 랩을 씌운 후 전자레인지에 넣어 700W에서 50초~1분간 가열해서 녹여 주세요.

2 볼에 달걀과 설탕을 넣고 중탕인 상태로 핸드믹서로 저어 주세요.

3 반죽이 4배 정도 부풀고 핸드믹서로 반죽을 끌어 올려 떨어뜨렸을 때 반죽이 떨어지면서 그 무늬가 표면에 2~3초간 유지될 정도로 저어 주세요. 그 후에 중탕 볼을 제거하고 핸드믹서를 저속으로 낮추고 1분 정도 더 저어 주세요.

4 다른 볼에 박력분과 베이킹파우더, 녹차가루를 체 쳐서 섞어 주세요. 가루류를 2번에 나누어 반죽에 넣고 거품이 꺼지지 않도록 조심조심 섞어 주세요.

5 녹인 버터를 반죽에 조금씩 흘려 넣으면서 주걱으로 섞어 주세요.

6 밤 다이스를 반죽에 넣고 거품이 꺼지지 않도록 조심하면서 고루 섞어 주세요.

7 전자레인지용 유리그릇에 종이를 깔고 반죽을 그릇에 1/2 정도만 부어 주세요.

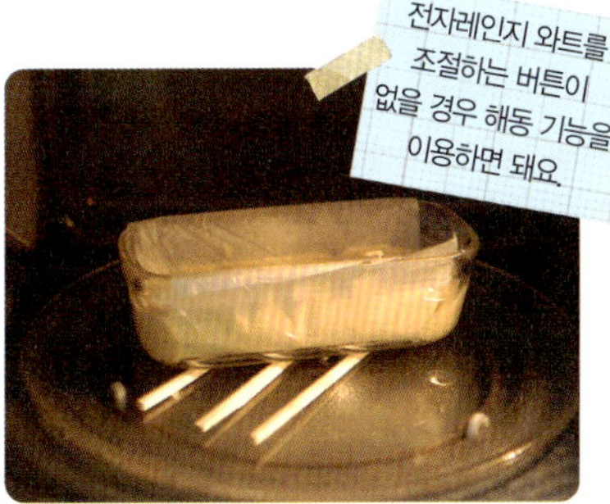

8 그릇에 랩을 씌우고 전자레인지 회전판에 젓가락을 깔고 그 위에 반죽 그릇을 얹은 후 200W에서 6분 40초간 가열해 주세요.

9 가열한 후 꺼내서 5분 정도 그대로 식힌 후 종이를 떼어내고 윗면에 나빠쥬를 발라 주세요.

흑설탕머핀

오븐과는 식감이 다르긴 하지만 전자레인지를 이용하면 눈 깜빡할 사이에 머핀 하나를 완성할 수가 있어요. 후딱 만들어 빨리빨리 먹고 싶다면 전자레인지가 딱이겠죠. 30초 완성 머핀, 기대되시죠? 초고속으로 만들 수 있는 머핀이에요. 30초 만에 후딱 만들어진다니 믿어지세요?

버터 57g, 달걀 1+1/2개, 흑설탕 · 박력분 40g씩, 베이킹파우더 1/4작은술

1 버터는 잘게 잘라 내열 볼이나 컵에 넣고 랩을 씌운 후 전자레인지에 넣어 700W에서 50초~1분간 가열해서 녹여 주세요.

2 볼에 달걀과 흑설탕을 넣고 중탕인 상태로 저어서 거품을 올려 주세요.

3 반죽이 4배 정도 부풀고 핸드믹서로 반죽을 끌어 올려 떨어뜨렸을 때 반죽이 떨어지면서 그 무늬가 표면에 2~3초간 유지될 정도로 저어준 후 중탕 볼을 제거하고 핸드믹서를 저속으로 낮춰 1분 정도 더 저어 주세요.

4 체 친 박력분과 베이킹파우더를 넣고 거품이 꺼지지 않도록 가볍게 섞어 주세요.

5 녹인 버터를 반죽에 조금씩 흘려 넣으면서 주걱으로 섞어 주세요.

6 일회용 종이컵에 반죽을 1/2 정도 넣어 주세요.

7 종이컵 위에 작게 자른 유산지(또는 종이호일)와 랩을 살짝 덮고 접시에 올린 후 전자레인지 회전판 가운데 올려 주세요.

8 700W 전자레인지에서 30초간 가열해 주세요. 가열한 후 한 김 식은 후 위에 종이를 제거해 주세요.

초코피칸아몬드케이크

초콜릿과 잘 어울리는 게 뭘까요? 제 생각엔 고소한 견과류들이 초콜릿과 참 잘 어울리는 듯해요. 하루에 한 줌 정도의 아몬드를 먹으면 심장병도 예방할 수 있다고 하니까 케이크에 듬뿍 넣어 달콤하게 먹어 봐요.

버터 · 황설탕 · 박력분 120g씩, 달걀 1개, 베이킹파우더 1/2작은술, 코코아가루 1큰술, 우유 2큰술, 슈거파우더 약간, 다진 피칸 · 다진 아몬드 30g씩

1 볼에 말랑말랑한 상태의 버터와 황설탕을 넣고 핸드믹서로 잘 섞어 주세요.

2 달걀을 넣고 핸드믹서로 섞어 주세요.

3 다른 볼에 박력분과 베이킹파우더 코코아가루를 체 쳐 넣고 고루 섞어 주세요.

4 체 친 가루를 2번 정도에 나누어 넣고 주걱으로 섞어 주세요.

5 반죽에 우유를 넣고 주걱으로 고루 섞어 주세요.

6 다진 피칸과 아몬드를 반죽에 넣고 고루 섞어 주세요.

7 전자레인지용 사각형 그릇에 유산지(또는 종이호일)를 깔고 반죽을 부은 후 평평하게 다듬어 주세요.

8 반죽 그릇에 랩을 씌우고 전자레인지용 회전판에 나무젓가락을 올린 후 그 위에 반죽 그릇을 올리고 전자레인지에 넣어 700W에서 2분 40초간 가열해 주세요.

9 랩을 벗기고 다시 전자레인지에 넣어 700W에서 30~40초간 가열해 주세요. 가열 후 꺼내서 5분 정도 그대로 식힌 다음 꺼내서 종이를 떼고 케이크가 완전히 식으면 슈거파우더를 뿌려서 장식해 주세요.

단호박초콜릿빵

빵 반죽이 은근히 어려운 일 중 하나인데요, 전자레인지를 이용하시면 초보자도 쉽고 간단하게 빵 반죽을 만드실 수 있어요. 말 그대로 젓가락으로 휙휙 휘저으면 완성되는 빵 반죽! 이제 자신 있게 젓가락을 휘둘러 보아요.

우유 80g, 버터 10g, 설탕 · 단호박 가루 1큰술씩, 소금 약간, 강력분 100g, 인스턴트 드라이이스트 1작은술,
시판 초콜릿 6조각

1 전자레인지용 볼에 우유와 잘게 자른 버터를 넣어 주세요. 볼에 랩을 씌우지 않은 상태로 전자레인지에 넣어 700W에서 30초간 가열한 후 꺼내서 잘 저어 버터를 녹여 주세요.

2 버터를 녹인 우유에 설탕과 소금을 넣고 거품기로 저어 섞어 주세요. 강력분과 단호박 가루를 체 쳐서 섞어 둡니다.

3 체 친 가루류 1/2 분량을 버터 녹인 우유에 넣고 인스턴트 드라이이스트를 넣은 후 잘 섞어 주세요. 나머지 가루류를 넣고 젓가락으로 가볍게 저어 한 덩어리로 뭉쳐 주세요.

4 반죽 볼에 랩을 씌우고 전자레인지에 넣어 200W(또는 해동)에서 30초 정도 가열해 주세요.

5 전자레인지를 아무 것도 넣지 않은 상태로 700W로 5분간 가열한 후 젖은 행주를 덮은 반죽 볼과 따뜻한 물을 담은 컵을 함께 넣고 전자레인지 문을 닫고 10분 정도 1차 발효해 주세요.

6 1차 발효를 마친 반죽을 꺼내 평평한 그릇 바닥에 약간의 강력분을 뿌리고 그 위에 엎어 가볍게 눌러 가스를 빼 주세요. 반죽을 30g 정도씩 나눠서 둥글려 주세요.

7 전자레인지 회전판에 종이호일을 깔고 그 위에 가장자리를 따라 반죽을 적당한 간격을 두고 늘어 놓고 종이호일을 덮은 후 200W(또는 해동)에서 30초간 가열해 주세요.

8 반죽을 살짝 눌러 편 후 초콜릿 조각을 넣고 감싸고 다시 둥글려 주세요. 초콜릿 넣은 반죽을 오븐 빵 팬에 적당한 간격을 두고 올린 후 젖은 행주를 덮어 따뜻한 곳에 두어 2배 정도 부풀도록 2차 발효해 주세요.

9 2차 발효를 마친 반죽 위에 호밀 가루를 뿌리고 180℃로 예열된 오븐에 넣어 10~5분간 노릇하게 구워 주세요.

우유푸딩

맛있는 식사도 즐겁고 행복하지만 식사 후 디저트로 부드럽고 달콤한 푸딩 한 입이면 행복이 마구 마구 밀려오죠? 멋진 식사에 이어지는 달콤한 디저트로 멋진 시간 만들어 보세요. 우유의 순하고 깨끗한 맛이 푸딩으로 변해 더욱 부드러워요.

달걀 1개, 설탕 1큰술, 바닐라 익스트렉트 3~4방울, 우유 100ml
캐러멜소스 설탕 5큰술, 물 2큰술, 추가 물 1큰술

1 볼에 달걀과 설탕, 바닐라 익스트렉트를 넣고 거품기로 잘 저어 섞어 주세요.

2 우유를 조금씩 흘려 넣으면서 섞어 주세요.

3 반죽을 고운 체에 한 번 걸러 주세요.

4 전자레인지용 푸딩 병에 반죽을 1/2 분량 정도 부어 주세요.

5 가운데 구멍을 낸 호일을 덮고 그 위를 랩으로 감싸 주세요.

6 전자레인지 회전판 가장자리에 1개씩 얹고 700W에서 1분 정도 가열해 주세요.

7 캐러멜소스 분량의 설탕과 물을 넣고 캐러멜소스를 만들어 주세요.

8 완성된 캐러멜소스를 푸딩 위에 끼얹어 냉장고에 넣어 차게 한 후 꺼내 드세요.

녹차바나나찹쌀떡

시험 보는 학생에게 철썩 붙으라는 의미로 선물하는 찹쌀떡! 저희 집은 학생은 없는데 남편이 가끔 자격시험을 봐요. 그럴 때마다 분위기 살려 찹쌀떡을 만들어 선물 하곤 하는데요, 아마 이 찹쌀떡덕분에 시험에 철썩! 붙은 게 아닐까요?

시판 찹쌀가루 150g, 물 200~230ml, 녹차가루 1작은술, 단호박 앙금 180g, 바나나 1개, 전분 2~3큰술

1 시판 찹쌀가루를 볼에 넣고 물을 조금씩 흘려 넣으면서 섞어 주세요.

2 볼 양 끝에 1cm 정도의 틈을 주고 랩을 씌운 후 전자레인지에 넣고 700W에서 3분간 가열해 주세요.

3 3분간 가열 후 꺼내서 다시 잘 저은 후 랩을 씌워 전자레인지에 넣고, 700W에서 2분간 가열해 주세요. 다시 꺼내서 잘 저어준 후 랩을 씌워 1분 30초간 가열해 주세요.

4 녹차가루를 넣고 숟가락으로 저어서 고루 섞어 주세요.

5 볼에 단호박 앙금을 넣고 숟가락으로 으깨서 부드러운 상태가 되도록 만들어 주세요.

6 바나나는 껍질을 벗기고 8~9등분해서 잘라 주세요.

7 단호박 앙금을 20g 정도씩 덜어서 손으로 눌러 편 후 바나나를 얹어 감싸 주세요.

8 단호박 앙금에 바나나를 싸서 손바닥으로 동글려서 매끈하게 만들어 두세요.

9 손에 전분을 묻히고 찹쌀 반죽을 18~20g씩 떼어 내서 눌러 편 후 ⑧을 얹어 감싼 후 잘 붙여 주세요.

메밀 사블레

「메밀꽃 필 무렵」이라는 소설을 읽으면서 눈처럼 하얀 메밀꽃밭에 한번 가 보는 게 소원이었는데, 아직도 그 소원을 이루진 못했어요. 직접 가 보진 못했어도 대신 메밀로 사블레를 만들어 먹으면서 그 흐뭇한 광경을 머릿속으로 그려 보아요.

버터 · 박력분 60g씩, 황설탕 · 메밀가루 40g씩, 달걀 1/2개, 소금 약간

1 실온에 두어서 말랑말랑한 상태의 버터를 핸드믹서로 가볍게 풀어준 후 황설탕을 넣고 잘 섞어 주세요.

2 달걀을 잘 풀어서 ①에 넣고 핸드믹서로 섞어 주세요.

3 박력분과 메밀가루를 체 쳐서 잘 섞어 주세요.

4 ②의 반죽에 체 친 가루류를 넣고 주걱으로 가볍게 섞어서 뭉쳐 주세요.

5 반죽을 비닐봉지에 넣고 둥글게 모양을 잡아 주세요.

6 키친타월을 다 쓰고 난 후 가운데 심 부분에 비닐봉지에 넣은 반죽을 눌러 넣고, 동그란 모양을 만들어주세요. 동그랗게 만든 반죽을 냉동실에 1~2시간 정도 넣어서 굳혀 주세요.

7 굳은 반죽을 꺼내서 0.5cm 두께로 잘라 주세요.

8 전자레인지용 회전판에 기름종이(또는 종이호일)를 깔고, 그 위에 적당한 간격을 두고 쿠키 반죽을 올린 후 전자레인지에 넣고 700W에서 1분 10초간 가열해 주세요.

9 기름종이(또는 종이호일)를 잘라서 덮은 후 700W에서 20초간 가열해 주세요. 덮은 종이를 제거하고 700W에서 10초간 다시 가열한 후 꺼내서 식힘 망에 올려 식혀 주세요.

초코뮈슬리쿠키

뮈슬리는 곡류, 과일, 견과류 등을 열을 가하지 않고 건조하여 우유나 주스, 요구르트에 타서 아침 식사 대
용으로 만든 것으로 유럽에서 많이 먹는다고 해요. 특히 섬유소가 풍부해서 변비 걱정은 끝이랍니다.

버터 30g, 피넛버터 25g, 설탕·박력분 35g씩, 달걀 1/2개, 초코 뮈슬리 40g

1 실온에 두어서 말랑해진 버터와 피넛버터를 볼에 넣고 핸드믹서로 잘 섞어 주세요.

2 설탕을 ①에 넣고 핸드믹서로 잘 섞어 주세요.

3 풀어 놓은 달걀을 넣고 고루 섞어 주세요.

4 체 친 박력분을 넣고 주걱으로 가볍게 섞어 주세요.

5 초코 뮈슬리를 넣고 고루 잘 섞어 주세요.

6 전자레인지용 회전판에 유산지(또는 종이호일)를 깔고 그 위에 숟가락으로 반죽을 떠서 적당한 간격을 주고 올려 주세요.

7 전자레인지에 넣고 700W에서 2분 정도 가열해 주세요.

8 가열 후 유산지(또는 종이호일)를 덮어 다시 전자레인지에 넣고 700W에서 40초 정도 가열한 후 꺼내서 식힘 망에 얹어 식혀 주세요.

복숭아젤리

더운 여름에는 식사 후에 시원한 디저트를 찾게 되는데요, 이때 시원하면서도 달콤하고 부드러운 젤리 어떠세요? 식후 디저트뿐만 아니라 여름방학을 맞은 아이들 간식으로도 최고예요.

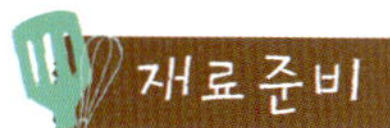

물 1+1/2큰술, 가루 젤라틴 2g, 달걀노른자 1개, 설탕 1큰술, 물 · 생크림 50ml씩, 통조림 복숭아 120g

1 작은 볼에 물을 넣고 가루 젤라틴을 20분 정도 넣어 불려 주세요.

2 큰 볼에 달걀노른자와 물, 설탕을 넣고 잘 섞어 주세요.

3 볼 양 끝에 1cm 정도의 틈을 주고 전자레인지에 넣어 700W에서 30~40초간 가열한 후 고루 섞어 주세요.

4 ③이 따뜻할 때 불려 놓은 젤라틴을 넣고 저어서 섞어 주세요.

5 블랜더에 복숭아를 넣고 곱게 갈아 주세요.

6 ④의 반죽에 간 복숭아를 넣고 저어서 잘 섞어 주세요.

7 생크림을 넣고 고루 섞어 주세요.

8 디저트 컵에 젤리 반죽을 넣고 냉장고에서 2시간 이상 굳혀 주세요.

전자레인지로 간단하게 만드는 요리팁

요리의 깊은 맛을 더해 주는 육수지만 요리에 맞춰 준비하려면 시간이 많이 걸려서 포기하게 되는 경우가 있을 거에요. 하지만 전자레인지를 이용하면 쉽고 빠르게 만드실 수 있어요. 이제 전자레인지 육수로 요리의 깊은 맛을 제대로 느껴 보세요.

다시마 육수

재료 물 320ml, 다시마 6×3cm 1장, 가다랑어포 5g

1 내열 볼에 물과 다시마, 가다랑어포를 넣고 양 끝에 1cm 틈을 주고 랩을 덮어 주세요.
2 전자레인지에 넣고 700W에서 3분 30초간 가열해 주세요.
3 고운 체에 한 번 걸러 주세요.

닭고기 육수

재료 물 300ml, 닭고기 50g, 대파 1/2대, 생강 1쪽

1 내열 볼에 물과 다진 닭고기, 대파, 채 썬 생강을 넣고 양 끝에 1cm 정도 틈을 주고 랩을 덮어 주세요.
2 전자레인지에 넣고 700W에서 3분간 가열해 주세요.
3 고운 체에 걸러서 이용해 주세요.

채소 육수

재료 물 300ml, 당근 30g, 양파 50g, 월계수 잎 1장

1 내열 볼에 물과 채 썬 당근과 양파를 넣고 월계수 잎 1장을 넣어 주세요.
2 볼 양 끝에 1cm 정도의 틈을 주고 랩을 덮은 후 전자레인지에 넣고 700W에서 3분간 가열해 주세요.
3 고운 체에 걸러서 이용해 주세요.

질 좋은 제철 과일로 과일주도 담그고 잼도 만들면 참 좋겠죠? 그런데 잼은 냄비에서 한참을 저어 주며 끓여야 해서 잠깐만 한눈팔면 냄비에 바로 눌어 붙어 버려요. 전자레인지를 이용하면 과육이 살아 있는 신선한 잼을 바로바로 만들어 먹을 수 있어요. 먹고 싶을 때마다 조금씩 맛있는 잼을 만들어 보아요.

딸기잼

재료 딸기 200g, 설탕 100g, 레몬즙 1큰술

1 내열 볼에 딸기와 설탕, 레몬즙을 넣고 랩을 씌워 주세요.
2 전자레인지에 넣고 700W에서 2분간 가열한 후 꺼내서 포크로 딸기를 가볍게 으깨 주세요.
3 랩을 씌우지 않은 상태로 전자레인지에 다시 넣고 700W에서 7분 30초간 가열해 주세요.

• 딸기 분량의 5배 정도 큰 내열 볼을 이용해야 전자레인지로 가열 중 끓어서 넘치는 걸 방지할 수 있어요.

블루베리잼

재료 냉동 블루베리 100g, 설탕 30g, 레몬즙 1큰술

1 내열 볼에 냉동 블루베리와 설탕, 레몬즙을 넣고 섞어 주세요.
2 볼에 랩을 씌우고 전자레인지에 넣고 700W에서 4분간 가열한 후 꺼내서 포크로 블루베리를 가볍게 으깨 주세요.
3 랩을 씌우지 않고 다시 전자레인지에 넣고 700W에서 5분간 가열해 주세요.

• 냉동 블루베리가 아닌 생 블루베리의 경우 마지막 가열시간을 3분 30초 정도로 줄여 주세요.

사과잼

재료 사과 1/2개, 설탕 25g, 레몬즙 1/2큰술

1 사과는 껍질을 벗기고 얇게 썰어 주세요.
2 내열 볼에 사과와 설탕, 레몬즙을 넣고 섞어 주세요.
3 볼에 랩을 씌우고 전자레인지에 넣어 700W에서 3분 30초간 가열한 후 꺼내서 핸드블랜더로 가볍게 갈아 주세요.
4 랩을 씌우지 않고 다시 전자레인지에 넣어 700W에서 3분간 가열해 주세요.

파인애플잼

재료 파인애플 120g, 설탕 30g, 레몬즙 1/2큰술

1 파인애플은 잘게 잘라 주세요.
2 내열 볼에 파인애플 설탕, 레몬즙을 넣고 섞어 주세요.
3 볼에 랩을 씌우고 전자레인지에 넣어 700W에서 3분간 가열한 후 꺼내서 핸드블랜더로 가볍게 갈아 주세요.
4 랩을 씌우지 않고 전자레인지에 넣어 700W에서 3분간 가열해 주세요.

캐러멜소스와 캐러멜크림은 빵이나 쿠키 등을 만들 때 자주 쓰이는데 불 조절을 잘 하지 않으면 타 버리기 쉬워서 실패하는 경우가 많아요. 전자레인지라면 초보자도 쉽게 캐러멜소스와 크림을 만들 수 있어요.

캐러멜소스

재료 물 1큰술, 설탕 5큰술, 추가 물 1+1/2큰술

1 내열 볼에 물을 먼저 넣고 설탕을 조금씩 부어서 물에 완전히 잠기도록 해 주세요.

• 물의 양이 적고 설탕의 양이 많기 때문에 물을 먼저 넣고 설탕을 조금씩 흘려 넣어야 물에 설탕이 완전히 녹아들어요.

2 내열 볼 양 끝에 1cm 정도의 틈을 주고 랩을 씌운 후 전자레인지에 넣고 700W에서 4분~4분 30초간 가열해 주세요.

• 연한 황금색이 나면 가열을 중지해 주세요. 가열이 지나치면 바로 진한 갈색으로 탈 수 있으므로 지켜보다가 연한 황금색이 날 때 가열을 중지해야 해요. 전자레인지에서 꺼내도 가열이 좀 더 진행되기 때문에 색이 더 진해져요.

3 추가 물을 조금씩 부으면서 저어 주세요.

• 물을 부을 때 가열된 캐러멜소스가 튀어 오를 수 있으므로 주의하세요.

캐러멜크림

재료 생크림 100ml, 물 2큰술, 설탕 1/2컵

1 생크림은 내열 컵에 담아 전자레인지에 넣고 30~40초간 데워 두세요.

2 내열 볼에 물을 먼저 넣고 설탕을 조금씩 흘려 넣어 주세요.

3 내열 볼 양 끝에 1cm 정도의 틈을 주고 랩을 씌운 후 전자레인지에 넣고 700W에서 4분 30초~5분간 황금색이 날 때까지 가열해 주세요.

4 ③을 꺼낸 후 바로 데워 놓은 생크림을 조금씩 흘려 넣고 섞어 주세요.

• 뜨거울 때는 묽은 듯해도 식으면 되직해지니까 추가로 가열하지 않아도 돼요.

화이트소스는 스파게티, 그라탱 같은 이탈리아 요리를 만들 때 자주 사용하는 소스 중 하나예요. 밀가루를 버터에 볶아 우유를 넣고 풀어서 눋지 않게 저으면서 끓여 주는 복잡한 과정 없이 전자레인지로 간편하게 만들어 보아요.

재료 강력분 20g, 버터 20g, 우유 200ml, 소금 · 후춧가루 약간씩

1 내열 볼에 강력분을 담고 그 위에 잘게 자른 버터를 얹어 랩을 씌우지 않은 상태로 전자레인지에 넣고 700W에서 40초간 가열해 주세요.

2 전자레인지에 살짝 가열한 버터와 강력분을 거품기로 덩어리가 없도록 잘 섞어 주세요.

3 ②에 우유를 조금씩 흘려 넣으면서 거품기로 섞어 주세요.

4 볼 양 끝에 1cm 정도의 틈을 주로 랩을 씌운 후 1분 30초간 가열해 주세요.

5 랩을 벗기고 거품기로 고루 저어 주세요.

6 랩을 씌우지 않고 다시 전자레인지에 넣은 후 700W에서 50초~1분간 가열한 후 꺼내서 거품기로 잘 저어 주세요. 소금과 후춧가루로 간을 맞춰 주세요.

새콤한 피클은 절임장에 채소들을 절여 두었다가 먹는 건데요, 전자레인지로 만드는 피클은 절일 필요 없이 만들어서 바로바로 먹을 수 있어요.

당근피클

재료 당근 100g, 월계수 잎 1장, 통후추 1작은술 **절임장** 사과식초 · 물 1/2컵씩, 설탕 2큰술, 소금 1/2작은술

1 당근은 4~5cm 길이로 잘라 주세요.
2 내열 볼에 절임장 재료와 월계수 잎, 통후추를 넣고 랩을 씌워 주세요.
3 전자레인지에 넣고 700W에서 1분 40초간 가열해 주세요.
4 당근을 ③에 20~30분간 담가 두었다가 드세요.

피망피클

재료 청피망 · 주황색 피망 1개씩, 월계수 잎 1장 **절임장** 사과 식초 1큰술, 물 1작은술, 설탕 1/2큰술, 크림수프가루 1/2작은술, 후춧가루 약간

1 청피망과 주황색 피망은 씨를 빼고 한입 크기로 잘라 주세요.
2 피망을 내열 볼에 넣고 랩을 씌운 후 전자레인지에 넣고 700W에서 2분간 가열해 주세요.
3 작은 볼에 절임장 재료와 월계수 잎을 넣고 고루 섞은 후 ②에 넣고 고루 섞어 주세요.

요즘 마트에 가면 밥에 넣어 먹는 여러 가지 제품을 볼 수 있는데요, 집에서도 어렵지 않게 만들 수 있어요. 후리가케는 마른 채소나 해조류를 갈아서 만드는 것으로 밥에 뿌려 먹는 용도 이외에 된장찌개나 달걀찜, 볶음밥 등에 다양하게 이용할 수 있어요.

멸치아몬드후리가케

재료 잔멸치 40g, 아몬드 슬라이스 30g, 파르메산 치즈가루 1큰술

1 접시에 키친타월을 깔고 그 위에 잔멸치를 올린 후 전자레인지에 넣고 700W에서 1분간 가열해 수분을 날려 주세요.
2 아몬드도 접시에 올려 고루 편 후 30초간 가열해 주세요.
3 블랜더에 멸치와 아몬드 슬라이스를 넣고 곱게 간 후 파르메산 치즈가루를 넣고 고루 섞어 주세요.

뱅어포김후리가케

재료 뱅어포 1장, 조미 김 1/2장, 깨소금 1작은술

1 뱅어포는 4×4cm 크기로 잘라서 전자레인지에 넣고 700W에서 1분간 가열한 후 꺼내서 식으면 잘게 부셔 주세요.
2 조미 김은 접시에 키친타월을 깔고 그 위에 얹어 전자레인지에 넣어 주세요. 700W에서 30초간 가열한 후 꺼내서 비닐봉지에 넣고 비벼서 잘게 부셔 주세요.
3 잘게 부셔 놓은 뱅어포와 조미 김에 깨소금을 넣고 고루 섞어 주세요.

Part 3

Oven

오븐으로 만드는 홈메이드 **쿠키**와 **케이크**

밥부터 **반찬**까지 오븐 하나로 해결!

어려운 요리도 척척 만드는 오븐 만세!

Oven Story : 

오븐의 유래

고대 이집트에서 태양열로 뜨거워진 바위 위에 빵을 구워 먹던 것에서 시작되어 돌이나 황토로 된 화덕에 장작을 이용하다가 기술이 발달하면서 가스나 전기 등의 열원을 이용하는 오늘날의 오븐이 나오게 되었습니다.

오븐의 특징과 종류

오븐은 공기를 가열해 식품 표면부터 안쪽으로 건열이 전달되면서 서서히 음식이 조리되는 것으로 풍미나 영양의 손실없이 식품 본래의 맛을 그대로 느낄 수 있어 고기나 생선을 굽거나 과자나 빵을 만들기에 적당합니다. 요즈음에는 가스, 전기, 광파 등 다양한 열원을 이용한 오븐들이 선보이고 있어요.

● 가스오븐

가스를 열원으로 사용하는 가스오븐은 화력은 강하지만 화력이 아래에서 올라오면서 열의 분포가 고르지 않아 온도를 유지하는 게 쉽지 않아요.
오븐 내부가 넓어서 많은 양을 한번에 구울 수 있고 다양한 빵 팬을 자유롭게 이용할 수 있는 게 장점이지만 크기가 커서 좁은 부엌에는 설치하는 게 부담스럽고 일단 설치하고 위치를 옮기려면 가스 설비를 다시 해야 해서 이동이 어렵습니다.

● 전기오븐

가스오븐에 비해 오븐 내 온도가 균일하고 열 조절이 쉬우며 크기가 작고 전원 코드가 있는 곳이면 어느 곳이든 이동이 쉽습니다. 다만 가정 내 전기제품 사용이 많을 경우 누진세에 의한 전기요금 부담이 있을 수 있습니다.

● 광파오븐

태양열과 같은 광파는 열원으로 이용하면 예열 과정 없어 조리 시간을 단축시킬 수 있는 게 장점이나 순간전력소비가 커지는 것이 단점입니다. 최근에는 전기오븐에 레인지 그릴 등이 합쳐진 복합 제품들이 나오고 있는데요, 제품 하나로 여러 가지를 이용할 수 있어 공간 활용에 큰 도움이 됩니다.

오븐용 그릇

● 오븐에서 사용할 수 있는 용기

열에 강한 내열 유리 그릇

내열 도자기

알루미늄(호일, 컵)과
오븐 전용 종이머핀컵과 종이용기

● 오븐에서 사용할 수 없는 용기

내열성 없는 유리 그릇, 도자기, 플라스틱 그릇, 나무, 칠기, 크리스털 제품, 무늬가 많은 그릇 등은 고온의 오븐에서 터지거나 녹아 버리므로 사용하지 않습니다. 또 금이 가거나 이가 나간 그릇은 작은 충격에도 쉽게 깨질 수 있으므로 되도록 사용하지 않는 게 좋아요.

오븐 사용하기

1 자신의 오븐 특성을 파악하세요

자신이 갖고 있는 오븐이 어떤 열원을 사용하는 오븐인지 그에 따른 특징은 무엇인지 파악하는 게 중요해요. 또 같은 제조사의 제품이라도 온도와 가열 시간 등은 조금씩 차이가 날 수 있어요. 사용하면서 레시피와 비교해 나의 오븐에 맞는 온도와 가열 시간을 찾아가는 게 중요해요.

2 소비전력이 큰 다른 제품과 동시에 사용하지 마세요

전기를 사용하는 오븐의 스팀이나 그릴 기능 그리고 광파오븐의 경우 작동 직후 순간전력소비량이 커지므로 전력소모가 큰 가전제품 여러 개를 동시에 사용하면 과부하로 전력이 차단될 수 있어요. 또 멀티콘센트에 밥솥, 전자레인지, 오븐의 스위치를 한꺼번에 꼽고 동시에 사용하지 않도록 하세요.

3 예열 후 사용하세요

오븐은 온도를 설정한 후 적정 시간이 지나야 설정 온도에 도달하므로 요리할 때 예열시간을 따로 주어야 합니다. 또 조리 중에 오븐을 자주 열게 되면 오븐 내부의 온도가 떨어져 제대로 조리되지 않으므로 조리 중에는 문을 자주 여닫지 말아야 해요.

4 요리에 맞는 온도로 요리하세요

보통 오븐은 150~250℃로 온도를 조절할 수 있어요.

150~170℃ 치즈케이크처럼 낮은 온도에서 오래 구울 때 주로 사용합니다.

170~190℃ 가장 많이 사용하는 온도죠.

　　　　　　케이크나 쿠키, 파이 등을 베이킹할 때 주로 이용하는 온도입니다.

　　　　　　그라탱, 오븐, 스파게티를 만들 때도 많이 이용합니다.

190~210℃ 바게트나 발효 빵을 구울 때 주로 이용하며 생선이나 전 등을 구울 때 주로 이용합니다.

210~240℃ 육류를 이용해 조리할 때 많이 이용합니다.

240℃ 이상 특별한 경우 외에는 잘 사용하지 않아요.

오븐을 처음 구입한 후 공회전할 때는 최고 온도로 설정하고 10~20분간 가열해 줍니다.

오븐 청소와 손질

1 오븐 외부는 젖은 행주나 부드러운 스펀지로 닦은 후 마른 행주로 깨끗이 닦아 주세요.

2 오븐 내부를 청소할 때는 중성세제를 부드러운 스펀지에 묻혀 살살 문질러 닦고 마른 행주로 꼭 물기를 제거해 주어야 녹이 스는 것을 방지할 수 있어요.

3 오븐 판이나 석쇠 등 내부 용기 역시 중성세제로 닦은 후 물기를 바로 제거해 주세요.

연근브레드

뿌리채소의 힘! 연근브레드를 만들어 봐요. 아삭아삭 씹히는 웰빙 브레드로 씹을 때마다 콜레스테롤 수치가 낮아져요. 발효 없이 반죽 후 바로 구울 수 있는 퀵브래드로 부담 없이 건강 빵을 준비해 보세요.

18×6.5×8cm 파운드 틀 1개 분량

재료 연근 · 당근 80g씩, 소금 약간, 물 2큰술, 박력분 150g, 통밀가루 100g, 베이킹파우더 2작은술, 달걀+물 120g, 녹인 버터 약간

1 연근과 당근은 껍질을 벗긴 후 새 끼손톱 정도의 크기로 잘라 두세요. 내열 볼에 잘게 썬 연근과 당근을 넣고 소금을 약간 뿌린 후 물을 뿌려 줍니다.

2 내열 볼에 잘게 자른 연근과 당근을 담아 양 끝 1cm 정도의 틈을 주고 랩을 씌운 후 전자레인지에 넣고 1분간 가열해서 연근과 당근을 익혀 주세요.

3 볼에 박력분과 통밀가루, 베이킹파우더를 체 쳐서 섞어 둡니다. 체 쳐둔 가루류에 익혀 둔 연근과 당근을 넣고 섞어 줍니다.

4 달걀에 물을 섞어 120g을 만든 후 ③에 넣고 저어 주세요.

5 손으로 반죽을 둥글게 뭉쳐 주세요.

6 적당한 팬에 녹인 버터나 오일을 바른 후 반죽을 팬에 넣고 200℃로 예열된 오븐에서 20~25분간 구워 줍니다.

시금치브레드

시금치 100g, 올리브유 4큰술, 달걀액(달걀 1개+우유) 100g, 박력분 · 통밀가루 100g씩, 베이킹파우더 2작은술, 볶은 참깨 2큰술, 소금 약간

1 시금치는 깨끗이 손질해서 전자레인지로 데쳐 주세요.
   (시금치 데치는 과정은 전자레인지 편 시금치무침 135페이지를 참고 하세요.)
   데쳐 낸 시금치의 물기를 제거한 후 올리브유 2큰술을 뿌려서 살살 버무리듯 섞어 주세요.
2 볼에 박력분과 통밀가루, 베이킹파우더, 소금을 체 쳐 놓고 시금치를 넣고 손끝으로 가볍게 섞어 주세요.
3 달걀에 우유를 섞어 ②에 넣고 나머지 올리브유 2큰술을 넣어 주세요. 손으로 고루 섞어 준 후 볶은 참깨를 넣고 고루 섞어 주세요.
4 반죽을 4등분해서 둥글린 후 작은 미니파운드 팬에 2개씩 넣고 200℃로 예열된 오븐에서 20분 정도 구워 주세요.

초코스콘

외국 소설에서 티타임 장면에 등장하는 스콘. 따뜻한 차와 금방 구운 스콘이 함께하면 카페에 가지 않고도
우아한 티타임을 즐길 수 있을 것 같아요. 이제 갓 구운 스콘으로 소설 속 주인공이 되어 보세요.

버터 60g, 박력분 220g, 베이킹파우더 2작은술, 소금 약간, 설탕 25g, 밀크 초콜릿 40g, 달걀 1개, 우유 45g,
인스턴트 커피 2큰술+따뜻한 물 1큰술

1 버터는 사방 1cm 크기로 잘라서 냉장고에 넣어 두세요.

2 밀크 초콜릿은 일회용 짤 주머니에 넣고 전자레인지에 30초 정도 가열한 후 꺼내서 상태를 보고 다시 20초 정도 가열해서 녹여 주세요.

3 볼에 체 친 박력분과 베이킹파우더, 소금, 설탕을 넣고 고루 섞어 주세요. 냉장고에 넣어 두었던 버터를 넣고 스크레퍼로 가루류와 섞어 가면서 잘게 자르듯이 저어 주세요.

4 버터가 잘게 잘라지면 양손으로 비비듯이 섞어서 부슬부슬한 모래 느낌이 날 때까지 비벼 섞어 주세요. 전자레인지에 녹여 놓았던 초콜릿을 넣고 스크레퍼로 섞어 주세요.

5 작은 볼에 달걀과 우유 그리고 따뜻한 물에 진하게 녹인 인스턴트 커피를 넣고 저어서 고루고루 섞어 주세요.

6 반죽 가운데 ⑤를 넣고 스크레퍼로 자르듯이 섞어 주세요.

7 손으로 반죽을 한데 뭉쳐 둥글게 모양을 잡은 후 그릇에 랩을 씌워 냉장고에 넣고 30분~1시간 동안 휴지시켜 주세요.

8 휴지된 반죽을 꺼내 바닥에 밀가루를 뿌리고 두께 0.5cm, 지름 20cm 원 모양으로 밀어 편 후 칼이나 스크레퍼를 이용해 8등분해 주세요.

9 팬에 어느 정도 간격을 두고 반죽을 올린 후 표면에 우유를 발라서 180℃로 예열된 오븐에서 15분 정도 구워 주세요.

마론컵케이크

겨울철 우리를 즐겁게 해 주는 간식, 군고구마와 군밤. 이 친구들이 긴긴 겨울밤 우리의 친구가 되어 주지요. 구워 먹는 군밤에 지치셨다면 색다르게 컵케이크를 만들어 보세요. 오늘은 껍질 까서 먹는 군밤 대신 달콤하게 구워진 케이크로 가볍게 한 컵 어떠세요?

6×4.5cm(130cc) 머핀 컵 7개 분량
버터 · 황설탕 100g씩, 달걀 2개(120g), 박력분 120g, 베이킹파우더 1작은술, 마론 페이스트 150g, 우유 1~2큰술,
껍질을 벗겨 삶은 밤 7개

1 볼에 버터를 넣고 핸드믹서로 풀어준 후 황설탕을 두 번에 나누어 넣고 충분히 섞어 주세요.

2 달걀은 노른자와 흰자로 분리해 주세요. 먼저 ①에 노른자 1개를 넣고 핸드믹서로 충분히 섞은 후 흰자 1개 분량을 넣어 섞어 주세요. 그 후에 다시 노른자→흰자 순서로 넣어 섞어 주세요.

3 박력분과 베이킹파우더를 체 쳐서 섞어 놓은 후 1/2 분량을 ②에 넣고 주걱을 이용해 가볍게 섞어 주세요.

4 마론 페이스트를 반죽에 넣고 주걱으로 고루고루 섞어 줍니다. 나머지 가루류를 넣고 주걱을 이용해 자르듯이 가볍게 섞어 주세요.

5 반죽의 상태를 봐서 우유를 1~2 큰술 넣고 고루 섞어 줍니다. 머핀 컵에 반죽을 60~70% 정도만 넣고 170℃로 예열된 오븐에 10분 정도 구워 주세요.

6 10분 정도 구워진 반죽을 꺼내서 삶은 밤을 가운데 얹은 후 다시 오븐에 넣어 20~30분간 구워 주세요.

고구마흑설탕케이크 8×6.5×18cm 틀 1개 분량

고구마 120g, 꿀 2작은술, 박력분 1작은술, 버터 · 흑설탕 100g씩, 달걀 2개(120g), 박력분 120g,
베이킹파우더 1작은술

1 고구마는 껍질째 씻어서 새끼손톱 정도의 크기로 잘게 잘라 내열 볼에 넣고 랩을 씌워 전자레인지에 1분 20초~1분 30초간 가열한 후 꿀을 넣어 버무려 둡니다.

2 볼에 실온에 꺼내 두어서 말랑말랑해진 버터를 볼에 넣고 핸드믹서로 풀어준 후 흑설탕을 두 번 정도에 나누어 넣고 섞어 주세요.

3 달걀은 1개씩 차례로 넣고 1분 이상씩 충분히 저어 주세요.

4 체 친 박력분과 베이킹파우더를 ③에 두 번에 나누어 넣고 주걱을 이용해 섞어 주세요.

5 꿀에 버무려 놓은 고구마에 박력분을 1작은술 넣고 섞은 후 ④에 넣고 반죽에 고루 섞어 주세요.

6 틀에 반죽을 80% 정도 붓고 170~180℃로 예열된 오븐에서 30~40분간 구워 주세요.

크림치즈브라우니

브라우니는 참 다양한 레시피가 있어요. 초콜릿을 직접 녹여 넣어서 진하게 만드는 방법도 있고 견과류들을 듬뿍 넣어 고소하게 만드는 방법도 있죠. 하지만 너무 달고 진한 맛이 부담스러우시다면 한번 이렇게 만들어 보세요. 약간 부족한 부분은 크림치즈로 채워 주시구요.

8.5×8.5cm 사각 컵 2개 분량

크림치즈 필링 크림치즈 50g, 설탕 7g

브라우니 반죽 달걀 · 달걀노른자 1개씩, 설탕 50g, 꿀 20g, 박력분 30g, 베이킹파우더 1/4작은술, 코코아가루 10g, 녹인 버터 60g

1 먼저 크림치즈 필링부터 만들어주세요. 실온에 두어서 말랑말랑해진 크림치즈를 볼에 넣고 핸드믹서로 풀어준 후 설탕을 넣어 섞어 주세요. 완성된 크림치즈 필링은 짤 주머니에 담아 두세요.

2 브라우니 반죽을 만들어요. 볼에 달걀 1개와 달걀노른자 1개 분량을 넣고 거품기로 섞어준 후 설탕과 꿀을 넣고 잘 섞어 주세요.

3 체 친 박력분과 베이킹파우더, 코코아가루를 ②에 넣고 주걱으로 잘 섞어 주세요.

4 녹인 버터를 조금씩 흘려 넣으면서 반죽 바닥에 버터가 가라앉지 않도록 주의하여 반죽에 고루고루 섞어 주세요.

5 사각 컵에 반죽을 70% 정도 채워 주세요. 짤 주머니에 담아둔 크림치즈 필링을 반죽 위에 모양을 내서 짜 주세요.

6 180℃로 예열된 오븐에서 15~20분간 구워 주세요.

아몬드 드림바

시판 타르틀렛 10개, 중력분 80g, 흑설탕 50g, 아몬드 50g, 버터 70g, 오렌지 마멀레이드 적당량

1 볼에 오렌지 마멀레이드를 제외한 모든 재료를 넣고 스크레퍼로 잘게 자르듯이 섞어 주세요.

2 손으로 비벼서 부슬부슬한 상태로 만들어 줍니다.

3 시판 타르틀렛 바닥에 오렌지 마멀레이드를 바르고 만들어 둔 ②를 적당량 올려 주세요.

4 190~200℃로 예열된 오븐에서 10~15분간 구워 주세요.

코코아마블쉬폰

쉬폰은 프랑스어로 비단이라는 뜻이래요. 입안에서 사르르 녹는 폭신한 쉬폰을 먹다보면 이게 바로 부드러운 비단이구나, 느끼시게 될 거예요. 코코아 반죽으로 예쁜 마블 무늬를 만들어서 아무 장식이 없어도 겉과 속이 모두 예쁜 쉬폰을 만들 수 있어요.

12cm 쉬폰 틀 2개 분량
달걀노른자 2개, 설탕 25g, 포도씨유 60g, 우유 70g, 박력분 50g, 강력분 20g, 베이킹파우더 1/2작은술, 코코아가루 10g,
물 3큰술, 바닐라 익스트렉트 약간
머랭 달걀흰자 3개 분량(120g), 설탕 45g

1 볼에 달걀을 넣고 풀어준 후 설탕을 넣어 섞어 줍니다.

2 포도씨유를 조금씩 흘려 넣으면서 섞은 후 우유를 넣고 고루고루 섞어 주세요.

3 체 친 박력분과 강력분, 베이킹파우더를 넣고 주걱으로 가볍게 섞어 주세요.

4 다른 볼에 흰자를 넣고 거품을 어느 정도 올린 후 설탕을 두 번 정도에 나누어 넣고 뿔이 생기도록 단단하게 머랭을 만들어 주세요.

5 ③의 반죽에 머랭을 1/3 정도 넣고 고루 섞은 후, 나머지 머랭은 2번에 나누어 넣으면서 거품이 죽지 않도록 조심조심 반죽에 섞어 주세요.

6 코코아가루에 물, 바닐라 익스트렉트를 넣고 잘 섞은 후 반죽 위에 코코아 반죽을 3~4줄로 쭉 그려 넣어 주세요.

7 주걱으로 반죽을 크게 2~3번 정도 섞어 마블을 만들어 주세요.

8 쉬폰 팬에 반죽을 넣고 180℃로 예열된 오븐에서 30~35분 정도 구워 주세요.

9 구워진 쉬폰은 오븐에서 꺼내서 틀 그대로 뒤집어서 식혀 주세요. 충분히 식은 후 스페출러로 틀에서 떼어내 주세요.

녹차마블케이크

우리 몸에 축적된 콜레스테롤을 없애 주는 녹차! 요즘은 녹차를 고기 재울 때나 밥 지을 때 넣기도 하고 우리가 먹는 다양한 간식에도 녹차가 함유된 제품들이 많이 나와 있지요. 건강을 생각한다면 녹차를 조금 더 사랑해 주세요.

8×6.5×18cm 파운드 틀 1 작은술 분량(윌튼하트 틀 4개 분량)
박력분 120g, 베이킹파우더 1작은술, 녹차가루 2작은술, 버터 100g, 설탕 100g, 달걀 2개, 밤 다이스 50g, 철판이형제 약간
녹차 페이스트 녹차가루 1큰술, 뜨거운 물 4작은술

1 박력분과 베이킹파우더, 녹차가루는 2번 정도 체 쳐서 섞어 두세요. 작은 볼에 녹차 페이스트 분량을 넣고 진한 녹차 페이스트를 만들어 둡니다.

2 실온에 두어서 말랑말랑해진 버터를 큰 볼에 넣고 핸드믹서로 가볍게 풀어준 후 설탕을 2번에 나누어 넣고 섞어 주세요.

3 달걀은 1개씩 넣고 1분 이상씩 충분히 핸드믹서로 섞어 줍니다. 체 친 가루류 1/2 분량을 넣고 주걱으로 가볍게 섞어 줍니다.

4 나머지 가루류와 밤 다이스를 넣고 주걱으로 가볍게 섞어 주세요. 만들어 둔 녹차 페이스트를 반죽 위에 간격을 두고 뿌려 주세요.

5 주걱으로 2~3번 크게 섞어 자연스러운 마블을 만들어 줍니다.

6 틀에 철판 이형제나 녹인 버터를 바르고 반죽을 틀에 80% 정도 채워 줍니다. 180℃로 예열된 오븐에서 30분 정도 구워 주세요.

화이트초코칩하트머핀

무염버터 50g, 설탕 65g, 달걀 1개, 박력분 100g, 베이킹파우더 1작은술, 코코아가루 25g, 우유 60ml, 화이트 초코칩 25g **아이싱** 슈거파우더 35g, 물 1작은술, 레몬즙 1/4작은술

1 볼에 실온에 두어서 말랑말랑해진 버터를 넣고 핸드믹서로 풀어 준 후 설탕을 2번 정도에 나누어 넣고 고루 섞어 주세요.
2 달걀을 풀어서 조금씩 흘려 넣으면서 섞어 주세요.
3 박력분, 베이킹파우더, 코코아가루를 체 친 후 섞어 두었다가 ②에 1/2 분량을 넣고 주걱으로 가볍게 섞은 후 우유 1/2분량을 넣고 섞어 주세요.
4 나머지 가루류를 넣고 섞고 나머지 우유를 넣고 가볍게 섞어 주세요.
5 초코칩을 넣어 반죽에 고루 섞은 후 하트 모양 틀에 넣어 주세요.
6 180℃로 예열된 오븐에서 20~25분간 구워 주세요.
7 케이크가 완전히 식으면 아이싱 재료를 섞어 걸쭉하게 만든 후 케이크 위에 뿌려 장식해요.

찹쌀비스코티

커피와 환상의 짝꿍 비스코티. 우리 입맛에 맞추어 찹쌀가루에 건과일을 듬뿍 넣어 쫄깃하고 달콤한 비스코티를 만들어 보세요. 향긋한 커피 타임이 찹쌀비스코티로 더 즐거운 시간이 될 거예요.

찹쌀가루 100g, 이지스패클 20g, 단호박 가루 1큰술, 베이킹파우더 · 베이킹소다 1/4작은술씩,
달걀 1개, 설탕 25g, 카놀라오일 · 우유 2큰술씩, 데이트 20g, 건조 키위 · 건조 감귤 30g씩

1 먼저 찹쌀가루와 이지스패클, 단호박 가루, 베이킹파우더, 베이킹소다를 넣고 섞어 두세요. 볼에 달걀을 넣고 설탕을 넣어 핸드믹서로 섞어 주세요.

2 카놀라오일을 조금씩 흘려 넣고 반죽을 고루 섞어 주세요. 우유를 넣고 반죽을 섞어 주세요.

3 반죽에 체 쳐 둔 가루류를 넣고 섞은 후 데이트, 건조 키위, 건조 감귤을 넣고 섞어 주세요.

4 반죽을 손으로 뭉쳐 적당한 모양을 잡아 팬에 올리고 180℃로 예열된 오븐에서 30분 정도 구워 주세요.

5 구워진 반죽을 식힘 망에 얹어 충분히 식힌 후 1cm 두께로 썰어 주세요.

6 1cm 두께로 썬 비스코티를 다시 팬에 얹고 150~160℃로 예열된 오븐에서 15분 정도 구워 주세요.

유자 비스코티

버터 80g, 흑설탕 80g, 소금 1g, 바닐라설탕 2g, 달걀 70g, 박력분 160g, 호밀가루 · 이지스페클 · 통아몬드 40g씩, 계핏가루 1g, 베이킹파우더 6g, 유자차 60g

1 볼에 버터를 넣고 핸드믹서로 가볍게 풀고, 흑설탕을 두 번에 나누어 넣고 섞어 주세요.
2 달걀을 풀어서 조금씩 흘려 넣으면서 섞은 후 바닐라설탕과 소금을 넣고 섞어 줍니다.
3 박력분, 호밀가루, 이지스페클, 계핏가루, 베이킹파우더를 체 쳐서 섞어 두었다가 반죽에 넣고 고루 섞어 줍니다.
　(이지스페클은 해바라기 씨와 대두몰트가 함유된 것으로 유럽식 잡곡 빵을 만들 때 많이 사용합니다.)
4 유자차와 통아몬드를 넣고 주걱을 이용해 반죽에 고루 섞은 후 적당한 모양을 잡아 주세요.
5 180℃로 예열된 오븐에 넣어 30~35분간 구운 후 꺼내서 식힘 망에서 식혀 줍니다.
6 비스코티가 완전히 식으면 물 스프레이를 한 후 1cm 두께로 잘라 다시 팬에 올려 160℃로 예열된 오븐에서 15~20분간 구워 줍니다.

밀크티케이크

얼 그레이 홍차의 우아함을 그대로 담아서 케이크로 만들었어요. 나른해지는 오후의 티타임에는 얼 그
레이 홍차만큼 향긋한 밀크티케이크를 준비해 보세요. 홍차의 향긋함 속에 오가는 대화가 더 부드러워
질 것 같지 않나요? 대화가 필요할 때 달콤한 밀크티케이크를 준비해 보세요.

재료 준비

버터 100g, 설탕 70g, 연유 2큰술, 달걀 2개(120g), 박력분 120g, 베이킹파우더 1작은술, 홍차 티백(얼 그레이) 1개, 뜨거운 물 3큰술

1 작은 볼에 뜨거운 물과 홍차 티백을 넣어 진하게 우려내 주세요.

2 볼에 버터를 넣고 핸드믹서로 풀어 준 후 설탕을 2번 정도에 나누어 넣고 풀어 주세요.

3 연유를 넣고 고루 섞어 주세요. 홍차를 우려낸 티백에서 홍차 잎을 꺼내서 반죽에 넣고 고루 섞어 주세요.

4 달걀을 1개씩 넣고 1분 이상씩 충분히 저어 주세요.

5 체 친 가루류를 ④번에 넣고 주걱을 이용해서 가볍게 섞어 우려낸 홍차 2큰술을 반죽에 넣고 고루 섞어 주세요.

6 팬에 반죽을 넣어 170~180℃로 예열된 오븐에서 20~30분간 구워 주세요.

홍차잼

설탕 400g, 홍차 잎 10g, 설탕 130g, 레몬즙 1작은술, A-펙틴·설탕 20g씩

1 물을 끓여서 컵에 담고 홍차 잎을 넣어 5분 정도 진하게 홍차를 우려내 주세요.
2 냄비에 우려낸 홍차와 홍차 잎을 넣고 설탕과 레몬즙을 넣어 끓여 줍니다. 중간 정도의 불에서 바글바글 끓도록 주걱으로 저으면서 끓여 주세요.
3 A-펙틴과 설탕을 섞어 ②에 조금씩 흘려 넣으면서 끓여 주세요.
4 약한 불에서 바닥에 눌어붙지 않게 주걱으로 저으면서 걸쭉해질 때까지 끓여 줍니다. 잼이 완성되면 소독해 둔 병에 담아 보관하세요.

블루베리피스타치오타르트

그대 모습은 보랏빛처럼~. 보랏빛 달콤한 블루베리로 만든 타르트의 향기에 빠져 보실래요? 노화를 막아 준다는 보랏빛 블루베리는 타임지가 선정한 10대 건강식품 중 하나랍니다.

25×10×2.5cm 직사각 타르트 틀 1개 분량

타르틀렛 버터 65g, 슈거파우더 28g, 소금 약간, 달걀 17g, 박력분 125g

피스타치오 스트로이드젤 피스타치오 38g, 슈거파우더 18g, 박력분ㆍ버터 20g씩

타르트 필링 피스타치오 25g, 슈거파우더 37g, 블루베리 통조림 1/2분량, 달걀 45g, 박력분 20g, 베이킹파우더 1/4작은술, 버터 15g

1 볼에 버터를 넣고 핸드믹서로 풀어 준 후 슈거파우더와 소금을 넣고 섞어 주세요.

2 분량의 달걀을 풀어서 2번에 나누어 넣어 주면서 섞어 줍니다.

3 체 친 박력분을 넣고 주걱을 이용해서 가볍게 섞어 주세요.

4 반죽을 손으로 가볍게 주물러 뭉쳐 주세요.

5 뭉친 반죽을 비닐에 넣고 밀대로 밀어 편 후 냉장고에 넣고 1시간 정도 휴지시켜 줍니다.

6 휴지시킨 반죽을 꺼내서 타르트 틀에 얹어 틀에 맞게 잘라서 붙이고 바닥에 포크를 이용해 구멍을 내 주세요.

7 구멍 낸 반죽 위에 종이호일을 깔고 그 위에 쌀이나 팥, 콩 등을 올려 눌러 준 후 180℃로 예열된 오븐에서 20분간 구워 주세요.

8 구워진 타르트 반죽을 꺼내 얹어 두었던 콩을 꺼내고 바닥에 달걀을 발라 준 후 다시 오븐에 넣어 10분 정도 구워 줍니다.

9 블랜더에 피스타치오와 슈거파우더를 넣고 너무 곱지 않게 갈아 주세요. 볼에 갈아 놓은 피스타치오와 슈거파우더를 넣고, 체 친 박력분을 넣어 고루 섞어 주세요.

10 버터를 사방 1cm 크기로 잘라 넣고 양손으로 비비듯이 섞어 부슬부슬한 상태의 스트로이드젤을 만들어 줍니다.

11 만들어진 피스타치오 스트로이드젤은 냉장고에 넣어 두세요.

12 블랜더에 피스타치오와 슈거파우더를 넣고 곱게 갈아 주세요.

13 블루베리 통조림은 건져서 물기를 빼 두세요.

14 볼에 갈아 놓은 피스타치오와 슈거파우더를 넣고 달걀을 넣어 고루 섞어 주세요. 체 친 박력분과 베이킹파우더를 넣고 주걱으로 섞어 줍니다.

15 버터는 중탕이나 전자레인지로 녹인 후 조금씩 흘려 넣으면서 섞어 주세요.

16 구워 놓은 타르트에 물기 뺀 블루베리를 고루 올려 주세요. 블루베리 위에 완성된 필링을 부어 주세요.

17 만들어 둔 스트로이드젤을 고루 얹어준 후 180℃로 예열된 오븐에서 25~30분간 구워 주세요.

단호박치즈케이크

노란 속살이 아름다운 단호박으로 만든 치즈케이크. 맛과 영양이 뛰어난 고급 채소인 단호박은 성장기 어린이와 허약 체질에 좋은 영양식으로 식욕을 증진시켜 준답니다. 산타할아버지께서 썰매 타고 맛보러 달려오셨답니다!

12cm 원형 틀 1개 분량
바닥 초코 다이제스티브 60g, 버터 25g, 계핏가루 1작은술
케이크 반죽 단호박 70g, 크림치즈 140g, 설탕 45g, 달걀 1개, 생크림 50ml, 전분 2작은술

바닥 만들기

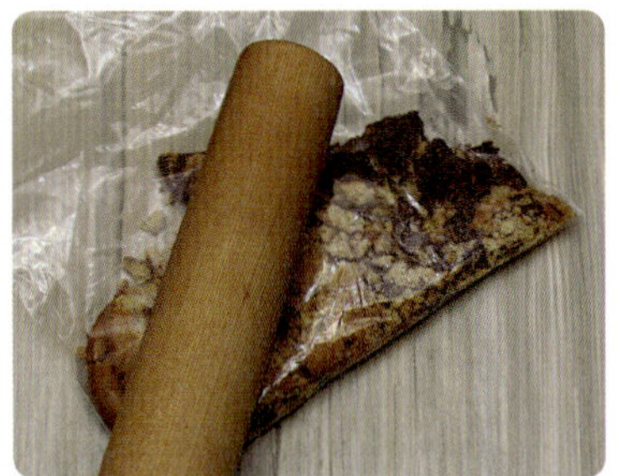

1 초코 다이제스티브를 봉지에 넣고 방망이로 두드려서 잘게 부셔 주세요.

2 버터는 전자레인지에 30초 정도 돌려서 부드럽게 만들어 준 후 부셔 둔 다이제스티브에 넣고 손으로 비벼 섞어 주세요.

3 계핏가루를 넣고 고루고루 섞어 줍니다.

케이크 반죽 만들기

4 틀 바닥과 둘레에 종이를 깔고 만들어 둔 바닥을 넣고 단단하게 눌러 주세요. 그대로 냉장고에 30분 정도 넣어 둡니다.

5 단호박은 랩을 씌워서 전자레인지에 넣고 7분 정도 가열해서 삶아 주세요. 삶아진 단호박은 씨를 제거하고 껍질을 벗겨 주세요.

6 단호박은 뜨거울 때 볼에 넣고 으깨 놓으세요.

7 장식용으로 쓸 단호박은 껍질째 작게 잘라 둡니다.

8 실온에 두어서 말랑말랑해진 크림치즈를 볼에 넣고 주걱으로 으깨서 풀어 준 후 설탕을 넣고 고루 섞어 줍니다.

9 으깨 놓은 단호박을 넣고 고루 섞어 주세요.

IO 달걀을 넣고 핸드믹서로 반죽을 고루 섞어 주세요.

II 생크림을 반죽에 조금씩 흘려 넣으면서 섞어 주세요.

I2 전분을 넣고 주걱을 이용해 반죽에 가볍게 섞어 줍니다.

I3 틀에 반죽을 붓고 위에 장식용으로 잘라둔 단호박을 얹어 줍니다.

I4 180℃로 예열된 오븐에서 15분간 굽고 160℃로 온도를 낮춰서 30~40분간 구워 줍니다. 구워진 치즈케이크는 냉장고에서 1~2시간 정도 넣어 식힌 후 틀에서 꺼내시면 돼요.

Plus Cooking

두유치즈케이크

시판 카스텔라 1개, 달걀노른자 1개, 설탕 25g, 박력분 1큰술, 두유 100ml, 크림치즈 45g, 미숫가루 약간

1 그릇에 카스텔라를 잘라서 바닥에 깔아 주세요.
2 작은 볼에 달걀노른자와 설탕을 넣고 저어 주다가 박력분 1큰술을 넣어 섞어 줍니다.
3 냄비에 ②의 재료와 두유를 넣고 저으면서 중간 불에서 끓여 주세요. 바글바글 끓어오르기 전까지만 끓여 주시면 돼요.
4 볼에 말랑말랑한 상태의 크림치즈를 넣고 고무주걱으로 풀어 주세요.
5 크림치즈에 ③을 넣고 핸드믹서로 섞어 줍니다.
6 카스텔라 위에 ⑤를 고루 흘려 넣은 후 냉장고에 1시간 정도 차게 굳혔다가 드세요.

캐러멜뉴욕치즈케이크

진한 크림치즈 맛이 매력적인 뉴욕치즈케이크. 그런데 그 맛에 반해 뉴욕까지 가실 필요 있나요? 편안히 집에서 뉴욕의 맛을 느껴 보세요! 뉴욕치즈케이크보다 더 진한 나만의 치즈케이크를 만들어 그 위에 사랑의 하트를 예쁘게 새겨 주세요.

15cm 치즈케이크 틀 1개 분량
바닥 오레오 쿠키 80g, 버터 30g
캐러멜크림 물 2작은술, 설탕 60g, 생크림 100ml
치즈반죽 크림치즈 250g, 설탕 80g, 달걀 3개, 초콜릿 15g, 생크림 30g

바닥 만들기

1 오레오 쿠키는 크림 부분을 제거한 후 봉지에 넣고 방망이로 잘게 부셔 주세요.

2 볼에 ①과 전자레인지에서 30초 정도 가열한 버터를 넣고 손으로 버터를 으깨듯이 섞어 주세요.

3 치즈케이크 틀 바닥과 옆면에 종이를 깔고 바닥에 ②를 넣은 후 단단하게 눌러 주세요. 틀 그대로 냉장고에 30분 정도 넣어 두세요.

치즈반죽 만들기

4 볼에 크림치즈를 넣고 핸드믹서로 가볍게 풀어준 후 설탕을 넣고 저어 주세요. 달걀을 1개씩 넣고 핸드믹서로 1분 이상씩 충분히 섞어 줍니다.

5 작은 내열 볼에 초콜릿을 넣어 랩을 덮어 전자레인지에 넣고 1분 정도 가열한 후 꺼내 스푼으로 저어 녹여 줍니다.

6 녹인 초콜릿에 생크림을 조금씩 흘려 넣으면서 섞어 줍니다. 초콜릿 반죽에 치즈 반죽 ④를 1큰술 넣고 고루 잘 섞어 주세요.

7 만들어 둔 치즈케이크 반죽 ④에 캐러멜크림을 넣고 고루 섞어 주세요.

8 치즈케이크 틀을 냉장고에서 꺼내서 반죽을 부어 준 후 초콜릿 반죽 ⑥을 숟가락으로 떠서 치즈케이크 반죽 위에 군데군데 올려 줍니다.

9 꼬치를 이용해 초코 반죽으로 하트 모양을 만들어 주세요. 160℃로 예열된 오븐에서 50~60분간 구워 준 후 꺼내서 냉장고에서 2~3시간 식힌 후 틀에서 꺼내 드시면 돼요.

산딸기마들렌

마들렌하면 제일 먼저 뭐가 생각나세요? 저는 드라마 '내 이름은 김삼순' 이 생각나요. 삼순 양이 헨리에게 마들렌을 섹시한 과자라고 소개했던 그 장면 기억하시죠? 하지만 오늘은 귀여운 모습의 마들렌을 만들어 보고 싶어지는데요.

미니 컵 10개 분량
건조 산딸기 10알, 럼주 2큰술, 버터 40g, 달걀 1개, 설탕 30g, 꿀 1큰술, 박력분 50g, 베이킹파우더 2g

1 건조 산딸기는 럼주에 살짝 잠기 듯이 담가서 불려 두세요.

2 버터는 내열 볼에 잘게 잘라 넣고 전자레인지에 1분 정도 가열해 녹여 주세요.

3 볼에 달걀을 넣고 풀어준 후 설탕을 넣어 주세요.

4 꿀 1큰술을 추가로 넣고 잘 섞어 줍니다.

5 체 친 박력분과 베이킹파우더를 넣고 주걱으로 가볍게 섞어 주세요.

6 녹여 놓은 버터를 반죽에 조금씩 흘려 넣으면서 주걱을 이용해 반죽에 고루 섞어 줍니다.

7 반죽이 담긴 볼에 랩을 씌워 냉장고에 30분 정도 넣어 반죽을 휴지시켜 줍니다.

8 미니 컵에 반죽을 70% 정도 넣어 주세요.

9 럼주에 담가 두었던 건조 산딸기를 꺼내서 반죽이 담긴 컵에 한 개씩 넣어 주세요. 180℃로 예열된 오븐에서 15분 정도 구워 줍니다.

오렌지스노우볼

흰 눈이 내리는 화이트크리스마스는 우리 모두의 소망이죠? 하얀 눈밭을 구른 듯 슈거파우더를 듬뿍 묻힌 스노우볼은 크리스마스 선물로 많이 만드는 쿠키 중 하나예요. 기본 스노우볼에 오렌지필과 레몬필을 각 각 넣어 상큼함을 더 했어요. 크리스마스에 콧노래가 절로 나오겠죠?

박력분 70g, 설탕 20g, 아몬드 가루 · 오렌지필 40g씩, 소금 약간, 버터 45g, 슈거파우더 2큰술

1 박력분, 설탕, 아몬드 가루, 소금은 체 쳐서 섞어 두세요.

2 블랜더에 체 쳐 놓은 ①을 모두 넣고 오렌지필을 넣어 2~3초간 작동시켜 가볍게 섞어 주세요.

3 냉장고에서 바로 꺼내 차가운 상태의 버터를 잘게 잘라 넣고 블랜더를 작동시켜 잘 섞어 줍니다. 버터가 가루류에 잘게 섞여 부슬부슬한 상태가 될 때까지 섞어 주세요.

4 반죽을 손으로 뭉쳐서 랩을 씌운 후 냉장고에 30분~1시간 동안 넣어 휴지시켜 주세요.

5 휴지시킨 반죽을 꺼내서 20g씩 나누어 손바닥으로 동그랗게 굴려 줍니다.

6 팬에 반죽을 올리고 170℃로 예열된 오븐에서 15~20분간 구워 주세요. 구워진 스노우볼을 충분히 식힌 후 슈거파우더를 듬뿍 묻혀 주세요.

레몬 스노우볼

박력분 70g, 설탕 20g, 아몬드 가루 45g, 레몬필 40g, 레몬즙 · 단호박 가루 1작은술씩, 버터 45g, 슈거파우더 1큰술

1 박력분, 설탕, 아몬드 가루를 체 쳐서 섞어 두세요.
2 블랜더에 체 쳐둔 가루류를 넣고 레몬필을 넣고 2~3초간 가볍게 섞어 주세요.
3 차가운 상태의 버터를 잘게 썰어 넣고 레몬즙을 넣은 후 버터가 가루류에 완전히 섞이도록 블랜더로 갈아 주세요.
4 반죽을 손으로 뭉쳐서 랩으로 싸서 냉장고에 넣어 30~1시간 정도 휴지시켜 줍니다.
5 휴지된 반죽을 꺼내서 20g씩 떼어 내어 손바닥으로 둥글려 주세요.
6 팬에 반죽을 올리고 170℃로 예열된 오븐에서 15~20분간 구워 줍니다.
7 슈거파우더와 단호박 가루 섞은 것을 봉지에 넣고 충분히 식힌 스노우볼을 넣고 흔들어 가루를 고루 묻혀 주세요.

오트밀비스킷

남편이나 남자친구에게 말하기 힘든 고민, 변비! 오트밀은 다른 곡류에 비해 단백질과 섬유소가 풍부해서 우리의 말 못한 고민을 쉽게 해결해 준답니다. 이제 변비 고민은 안녕! 가벼워진 몸만큼 마음까지 가볍게 만들어 주는 건강쿠키예요.

지름 5cm 22~25개 분량
박력분 160g, 오트밀 60g, 베이킹파우더 1작은술, 황설탕 100g, 계핏가루 1/4작은술, 버터 120g, 달걀노른자 2개,
덧가루용 강력분 약간, 우유 1작은술

1 박력분, 오트밀, 베이킹파우더, 황설탕, 계핏가루를 볼에 섞어 두세요. 차가운 상태의 버터를 잘게 썰어 넣고 손으로 가루류와 비벼 으깨듯 섞어 주세요.

2 손으로 비벼 부슬부슬한 상태가 되도록 섞어 준 후 달걀노른자를 넣고 핸드믹서로 고루 섞어 주세요.

3 반죽을 한데 뭉쳐서 랩으로 싸 냉장고에 1시간 정도 넣어 휴지시켜 주세요.

4 휴지된 반죽을 꺼내고 바닥에 강력분을 약간 뿌려 붙지 않도록 한 후 밀대로 두께 05.cm가 되도록 밀어 펴 주세요.

5 적당한 모양의 쿠키 커터로 반죽을 찍어내 주세요. 찍어낸 반죽을 팬에 올리고 우유를 윗면에 고루 발라 줍니다.

6 오트밀을 조금씩 뿌려주고 180℃로 예열된 오븐에서 15분 정도 구워 주세요.

선식 후레이크 쿠키

버터 90g, 땅콩버터 80g, 설탕 · 박력분 100g씩, 달걀 1개, 초코칩 30g, 선식 후레이크 40g

1 볼에 말랑말랑한 상태의 버터와 땅콩버터를 넣고 핸드믹서로 풀어 주세요.
2 설탕을 2번에 나누어 넣으면서 섞어 주세요.
3 달걀을 풀어서 넣고 핸드믹서로 1분 이상 충분히 섞어 주세요.
4 체 쳐 둔 박력분을 넣고 주걱으로 가볍게 섞어 줍니다.
5 초코칩과 선식 후레이크를 넣고 고루 섞어 주세요.
6 반죽을 스푼으로 떠서 팬에 올리고 170~180℃로 예열된 오븐에서 20분간 구워 주세요.

초코샌드쿠키

초코쿠키 사이에 어떤 잼을 바르느냐에 따라 맛이 달라지는 샌드쿠키예요. 잼은 빵에만 발라 먹는다는 상식을 버리고 이제 쿠키에 발라 주세요. 구멍 사이로 반짝이는 잼이 반할 만큼 예뻐 보인답니다. 여러 가지 잼으로 각각 색다른 느낌과 맛을 즐겨 보세요.

20~25개 분량

무염버터 100g, 슈거파우더 80g, 달걀 1개, 박력분 200g, 코코아가루 20g, 산딸기잼 · 마멀레이드 적당량씩

1 실온에 두어서 말랑말랑해진 버터를 넣고 핸드믹서로 부드럽게 풀어 준 후 슈거파우더를 넣고 섞어 주세요. 달걀을 풀어서 반죽에 조금씩 흘려 넣으면서 섞어 주세요.

2 박력분과 코코아가루를 체 쳐서 섞어 두세요. 반죽에 체 쳐 놓은 박력분과 코코아가루를 넣고 주걱으로 섞은 후 손으로 한데 뭉쳐 두세요.

3 반죽을 뭉쳐 비닐에 넣은 후 냉장고에 넣어 1시간 이상 휴지시켜 주세요.

4 휴지시킨 반죽을 꺼내서 0.3cm 두께로 밀어 편 후 먼저 바닥면을 쿠키 틀로 찍어 내 주세요.

5 바닥면을 찍어 낸 후 가운데 구멍을 낸 윗면을 찍어 내 주세요. 바닥면과 윗면을 쿠키 팬에 얹고 180℃로 예열된 오븐에서 15분간 구워 주세요.

6 구워낸 쿠키를 식힘 망에서 충분히 식힌 후 바닥면에 잼을 바르고 구멍을 낸 윗면을 얹어 주세요.

쁘띠사블레

박력분 130g, 아몬드가루 35g, 버터 80g, 설탕 40g, 달걀노른자 1개, 소금 약간, 피스타치오 · 헤이즐넛 20g씩

1 박력분과 아몬드가루, 설탕, 소금을 체 쳐서 섞어 두세요.

2 블랜더에 체 쳐둔 가루류를 넣고 차가운 상태의 버터를 잘게 잘라 넣고 갈아 주세요.

3 버터가 가루류에 어느 정도 섞이면 블랜더에 노른자를 넣고 섞어 주세요.

4 피스타치오와 헤이즐넛을 블랜더 반죽에 넣고 가볍게 갈아준 후 반죽을 꺼내서 손으로 모양을 잡아 주세요.

5 반죽을 랩이나 비닐로 싸서 냉장고에 넣고 1시간 이상 단단하게 굳혀 주세요.

6 굳혀진 반죽을 꺼내서 0.5cm 두께로 잘라 팬에 올리고 180℃로 예열된 오븐에서 10~15분간 구워 주세요.

사과머핀

아침의 사과는 금이라고 하죠? 비록 아침에 사과를 못 드셨다고 해도 와인에 향긋한 조림 사과를 넣은 머핀으로 사과의 색다른 맛을 즐겨 보세요. 아삭아삭 씹히는 사과의 맛이 아침을 상쾌하게 만들어 준답니다.

머핀 컵 6~8개 분량

조림 사과 사과 180g, 버터 · 설탕 20g씩, 화이트와인 1큰술, 우유 2큰술, 사워크림 30g

머핀 반죽 버터 100g, 황설탕 50g, 달걀노른자 1개, 달걀 30g, 박력분 120g, 베이킹파우더 1작은술, 설탕 1큰술, 계핏가루 약간

조림 사과 만들기

1 사과는 껍질째 깨끗이 씻어 씨를 제거하고 잘게 잘라 두세요.

2 볼에 버터를 넣고 녹여 주세요.

3 버터가 녹으면 사과를 넣고 30초 정도 바글바글 끓여 주세요.

4 설탕과 화이트와인을 넣고 2분 정도 조려 주세요.

5 조려진 사과를 불에서 내려 볼에 넣고 우유와 사워크림을 넣어 고루 섞어 줍니다.

머핀 반죽 만들기

6 볼에 버터를 넣고 핸드믹서로 가볍게 풀어준 후 황설탕을 2번에 나누어 넣고 섞어 주세요.

7 반죽에 달걀 노른자를 넣고 핸드믹서로 고루 섞어 줍니다.

8 풀어 놓은 달걀을 반죽에 조금씩 흘려 넣으면서 섞어 주세요.

9 박력분과 베이킹파우더를 체 쳐서 ⑧의 반죽에 넣고 주걱으로 가볍게 섞어 주세요.

10 만들어 둔 조림 사과를 장식용으로 약간 남겨 두고 나머지는 ⑨의 반죽에 넣고 주걱으로 고루 섞어 줍니다.

11 머핀 컵에 반죽을 80% 정도 담고 남겨둔 조림 사과를 얹어 주세요.

12 조림 사과 위에 설탕을 솔솔 뿌려 주세요.

13 마지막으로 계핏가루를 조금씩 뿌려준 후 180℃로 예열된 오븐에서 20분 정도 구워 주세요.

잼머핀

버터 · 박력분 50g씩, 설탕 25g, 달걀노른자 2개, 우유 1큰술, 오렌지필 20g, 강력분 10g, 베이킹파우더 1/2작은술, 딸기잼 약간
머랭 달걀흰자 1개, 설탕 25g

1 먼저 깨끗한 볼에 달걀흰자를 넣고 핸드믹서로 거품을 올린 후 설탕을 조금씩 나누어 넣고 단단한 머랭을 만들어 주세요.

2 다른 볼에 버터를 넣고 핸드믹서로 가볍게 풀어준 후 설탕을 넣고 섞어 주세요.

3 달걀노른자를 1개씩 넣고 반죽을 충분히 섞어 주세요.

4 반죽에 만들어 둔 머랭 1/3 분량을 넣고 고루 섞어 주세요.

5 체 쳐 둔 박력분과 베이킹파우더를 넣고 주걱으로 고루 섞어 주세요.

6 남겨둔 머랭을 넣고 가볍게 자르듯이 반죽을 섞어 주세요.

7 머핀 컵에 반죽을 70% 정도만 넣고 잼을 조금씩 떠 넣어 준 후 160℃로 예열된 오븐에서 20~30분간 구워 줍니다.

닭안심타르트

타르트는 달콤한 재료들을 타르트지에 채워 넣어 만드는 디저트예요. 그런데 닭 안심을 넣어 디저트보다 메인요리에 가깝게 만들어 봤어요. 차와 함께 가벼운 브런치 모임에도 잘 어울린답니다. 포트락 파티에 자신 있게 만들어 준비해 보세요. 아마 최고의 인기요리가 될 거예요.

18cm 원형 타르트 1개 분량

타르트지 박력분 135g, 설탕 1+1/2큰술, 버터 75g, 찬물 1~2큰술
필링 닭(안심살) 20g, 양파즙 1작은술, 양파 1/4개, 빨강·노랑 피망 1/3개씩, 피자 치즈 50g, 파슬리 약간
단호박 크림수프 시판 크림수프 1/3봉지, 물 1+1/2컵, 삶은 단호박 2큰술

핸드 블랜더로 타르트지 만들기

1 블랜더에 박력분과 설탕 그리고 냉장고에서 꺼낸 차가운 상태의 버터를 잘게 잘라 넣고 갈아 주세요.

2 버터가 가루류에 섞이면 찬물을 넣고 다시 갈아 주세요.

3 반죽이 덩어리로 뭉쳐질 때까지 블랜더를 돌려 주시면 돼요.

4 반죽을 꺼내서 비닐 백에 넣고 밀대로 밀어 편 후 그대로 냉장고에 30분 정도 넣어 휴지시켜 주세요.

5 휴지를 마친 반죽을 꺼내 밀대로 밀어 펴 타르트 팬에 얹어 팬 모양에 맞춰 잘라 내 주세요. 반죽 바닥에 포크로 구멍을 내 주세요.

6 타르트 반죽 위에 종이호일을 얹고 쌀이나 콩 등을 얹어 눌러 준 후 180℃로 예열된 오븐에서 10~15분간 구워 식혀 주세요.

필링 만들기

7 닭 안심살에 양파즙을 뿌려서 10분 정도 재워 두세요.

8 양파와 빨간 피망과 노란 피망은 새끼손톱 정도의 크기로 잘게 잘라 기름 두른 팬에 볶아 주세요.

9 닭 안심은 찜통에 찐 후 손으로 잘게 찢어 두세요.

10 단호박은 삶아서 씨를 빼고 껍질을 벗긴 후 뜨거울 때 으깨 주세요.

11 냄비에 시판 크림수프 1/3봉지와 물 1과 1/2컵을 넣고 잘 저어 풀어 준 후 약한 불에서 저으면서 끓여 주다가 으깬 단호박을 넣고 저으며 섞어 주세요.

12 구워 놓은 타르트지에 닭 안심과 볶아 놓은 양파와 피망을 얹어 주세요.

13 단호박 크림수프를 전체에 고루 흘려 넣어 주세요.

14 피자 치즈와 파슬리를 고루 얹고 190℃로 예열된 오븐에서 150~20분간 구워 주세요.

딸기치즈파운드케이크

슬라이스 치즈 3장, 딸기맛 치즈 5장, 버터 100g, 크림치즈 50g, 설탕 40g, 달걀노른자 2개, 우유 4큰술, 박력분 140g, 베이킹파우더 1작은술, 딸기 다이스 15g
머랭 달걀흰자 2개, 설탕 60g

1 슬라이스 치즈와 딸기맛 치즈는 가늘게 채 썰어서 준비해 두세요.
2 볼에 버터와 크림치즈를 넣고 핸드믹서로 가볍게 풀어준 후 설탕을 넣고 섞어 주세요.
3 ②에 노른자를 1개씩 차례로 넣고 섞어 주세요.
4 우유를 넣고 반죽을 고루 섞은 후 채 썰어 놓은 치즈를 넣고 고루 섞어 줍니다.
 (치즈는 20% 정도 남겨 나중에 반죽 위에 장식으로 얹어 주세요.)
5 다른 볼에 흰자를 넣고 거품이 어느 정도 올라온 후 설탕을 넣어 단단한 머랭을 만들어 주세요.
6 ④의 반죽에 머랭을 1/3 정도 넣고 고루 섞은 후 나머지 머랭은 2번에 나누어 넣으면서 주걱을 이용해서 거품이 꺼지지 않도록 조심조심 섞어 주세요.
7 체 친 박력분과 베이킹파우더를 넣고 딸기 다이스를 넣어 주걱으로 고루고루 섞어 주세요.
8 틀에 반죽을 80% 정도 넣고 남겨 두었던 체 친 치즈를 얹은 후 180℃로 예열된 오븐에서 20~25분간 구워 주세요.

딸기잼브레드

빵에 잼을 발라 먹는 게 아니라 빵 반죽에 잼을 넣어 만들어 보세요. 한결 촉촉하고 달콤한 빵을 맛보실 수 있답니다. 딸기잼브레드를 드실 때는 따로 잼을 준비하지 않아도 되겠죠? 대신 신선한 과일과 주스를 준비해 주세요. 달콤한 빵이 구워져 나오면 바로 어디론가 나들이를 떠나요~.

강력분 250g, 소금 4g, 인스턴트 드라이이스트 3g, 설탕 15g, 무염 버터·딸기잼 20g씩, 물 130g, 필링용 딸기잼 2큰술

1 제빵기의 반죽 케이스에 먼저 물을 담고 딸기잼 20g을 넣어 주세요.

2 그 위에 강력분을 체 쳐서 넣고 소금과 인스턴트 드라이이스트, 설탕, 무염 버터를 각각 넣은 후 반죽 코스를 작동시켜 줍니다.

3 반죽 코스를 20분 정도 돌린 후 반죽을 꺼내 볼에 담아 주세요.

4 볼에 랩을 씌우고 꼬치를 이용해 랩에 3~4군데 구멍을 낸 후 따뜻한 곳에 두고 반죽이 2배 정도 부풀어 오르도록 1차 발효를 해 주세요.

5 1차 발효를 마친 반죽에서 가스를 뺀 후 30×20cm 크기로 밀어 편 후 딸기잼을 발라 주세요.

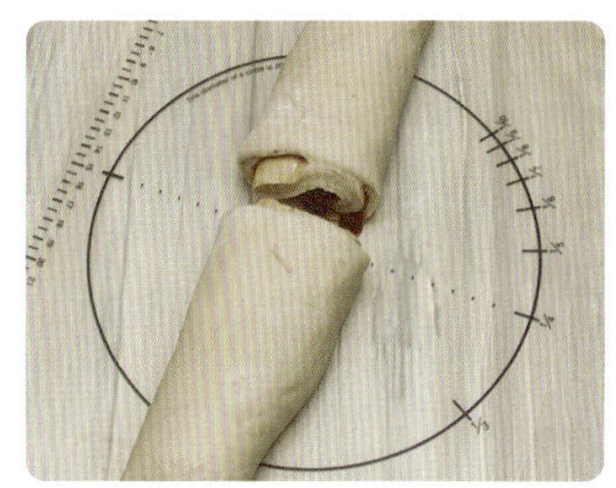

6 딸기잼을 바른 반죽을 돌돌 말아 끝을 잘 붙여서 바닥으로 가도록 한 후 가운데를 잘라 반죽을 두 덩어리로 나눠 주세요.

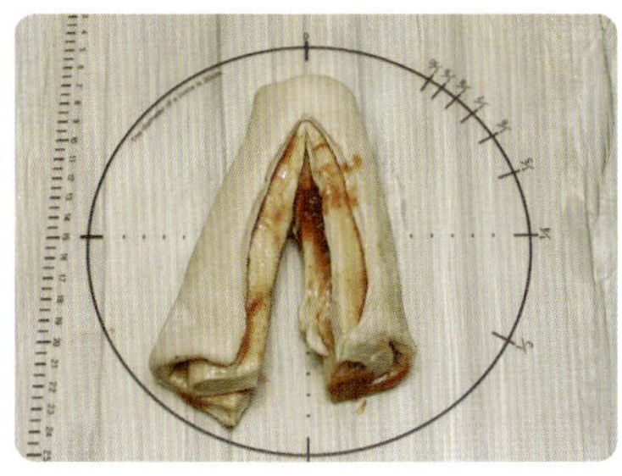

7 각각의 반죽은 끝 부분 1cm 정도를 남기고 가운데를 길게 잘라 주세요.

8 반죽을 꼬아서 꽈배기 모양을 만들어 주세요. 팬에 꼬은 반죽을 각각 담고 반죽이 80% 정도 부풀어 오르도록 2차 발효해 주세요.

9 2차 발효를 마친 반죽을 180~190℃로 예열된 오븐에 넣고 20분 정도 구워 주세요.

프루트 찹쌀케이크

우리가 흔히 먹는 밀가루와 버터로 만드는 케이크와는 달리 찹쌀가루를 이용해서 만드는 케이크예요. 쫄깃한 맛이 나는 찹쌀케이크는 어르신들이 특히 좋아하세요. 명절 선물로 준비하신다면 점수 딸 수 있을 거예요.

15.5×15.5cm 정사각 타르트 틀 1개 분량

찹쌀가루 125g, 베이킹파우더 · 소금 1/4작은술씩, 베이킹소다 1/8작은술, 건조 과일 믹스(건조 크렌베리, 청포도, 무화과) 40g, 밤 다이스 30g, 사쿠라 앙금 20g, 우유 125g, 녹차가루 1작은술, 피칸 9개, 코코넛 슬라이스 · 철판이형제 약간씩

1 볼에 찹쌀가루와 베이킹파우더, 베이킹소다, 소금을 넣고 섞어 주세요.

2 건조 과일 믹스를 볼에 담고 살짝 잠길 정도로 럼주를 붓고 20분 정도 불린 후 물기를 빼 주세요.

3 물기 뺀 건조 과일 믹스와 밤 다이스를 ①에 넣고 고루 섞어 주세요.

4 사쿠라 앙금을 넣고 섞어 줍니다.

5 우유를 조금씩 넣으면서 주걱으로 반죽을 섞어 주세요. 반죽의 상태에 따라 우유의 양은 가감하셔도 됩니다.

6 녹차가루를 넣고 주걱으로 반죽을 고루 섞어 주세요.

7 준비된 타르트 팬 바닥과 옆면에 철판이형제를 바르고 반죽을 부어 주세요.

8 피칸을 적당한 간격으로 반죽 위에 얹어 주세요.

9 코코넛 슬라이스를 뿌리고 180℃로 예열된 오븐에서 30분 정도 구워 주세요.

캐러멜도넛

제가 한때 도넛에 푹 빠져서 유명하다는 도넛 가게를 찾아 문턱이 닳도록 드나들었잖아요. 그러다 집에서 제가 좋아하는 재료들로 만들어 봤어요. 역시 직접 만든 게 제일이더라구요. ^^ 좋아하는 재료를 듬뿍 넣고 나만의 도넛을 만들어 보세요.

버터 50g, 피넛버터 60g, 설탕 60g, 달걀 2개, 우유 60g, 박력분 130g, 캐러멜 파우더 3큰술, 베이킹파우더 1작은술,
철판이형제 약간

슈거글레이즈 슈거파우더 4큰술, 물 약간

1 볼에 말랑말랑한 상태의 버터와 피넛버터를 넣고 핸드믹서로 가볍게 풀어 주세요. 여기에 설탕을 넣고 핸드믹서로 잘 섞어 주세요.

2 달걀은 1개씩 넣고 1분 이상 충분히 핸드믹서로 섞어 주세요.

3 우유를 조금씩 흘려 넣으면서 섞어 주세요.

4 박력분에 캐러멜 파우더와 베이킹 파우더를 2번 정도 체 쳐서 섞어 주세요.

5 체 친 가루류를 ③의 반죽에 넣고 주걱을 이용해서 가볍게 섞어 주세요.

6 짤 주머니에 반죽을 채워 넣어 주세요.

7 샤바랭 팬에 철판이형제나 녹인 버터를 바르고 짤 주머니에 넣은 반죽을 팬에 80% 정도 짜 넣고 팬을 바닥에 쳐서 반죽을 평평하게 해 준 후 180℃로 예열된 오븐에서 20분 정도 구워 주세요.

8 작은 볼에 슈거파우더에 넣고 물을 조금 넣어 저어 걸쭉한 상태로 만들어 주세요.

9 도넛이 완전히 식은 후 만들어 둔 글레이즈를 위에 발라 주세요.

밤치즈롤브레드

식빵의 매력이 단순함이긴 하지만 때론 알록달록 속이 예쁜 식빵이 더 매력적으로 느껴지기도 하죠. 내가 좋아하는 재료들을 식빵 속에 숨겨 넣어 볼까요?

20×9×9cm 팬 1개 분량
물 140g, 우유 10g, 강력분 250g, 설탕 10g, 인스턴트 드라이이스트 2.5g, 버터 15g
속재료 슬라이스 치즈 2장, 밤 다이스 40g, 완두 30g

1 제빵기 케이스에 우유를 넣고 물을 부어 주세요. 물 위에 체 친 강력분과 인스턴트 드라이이스트, 설탕을 넣어 주세요.

2 제빵기 반죽 코스를 설정해 누르고 반죽을 시작합니다. 반죽이 한데 뭉쳐지면 버터를 잘게 잘라 넣고 반죽이 매끈해질 때까지 반죽 코스를 진행합니다.

3 반죽 코스를 20분 정도 진행해서 반죽이 매끈해지면 반죽을 꺼내서 볼에 오일을 바른 후 반죽을 넣어 주세요. 볼에 랩을 씌우고 이쑤시개로 4~5개의 구멍을 뚫어 주세요.

4 오븐의 발효 기능을 이용해 ⑥을 오븐 안에 넣고 40℃에서 50분간 1차 발효해 주세요. 반죽이 2배 정도의 크기로 부풀어 오르면 반죽을 꺼내 손으로 눌러 가스를 빼고 둥글려 젖은 면보를 덮어 15분 정도 중간 발효해 주세요.

5 슬라이스 치즈는 잘라 겹쳐서 사방 1cm의 조각으로 잘라서 밤 다이스와 완두와 함께 준비해 두세요.

6 중간 발효를 마친 반죽을 20×25cm 직사각형으로 밀어 펴 주세요.

7 밀어 편 반죽 위에 속재료를 토핑용으로 조금 남기고 고루 펴 올려 주세요. 반죽을 돌돌 말아 이음새가 떨어지지 않도록 잘 붙여 주세요.

8 반죽의 이음새 부분이 아래로 가도록 반죽을 팬에 넣고 다시 오븐에 넣어 발효 기능으로 40℃에서 30~40분간 2차 발효해 주세요. 2차 발효를 마친 반죽을 꺼내서 표면에 달걀 물을 발라 주세요.

9 반죽 위쪽에 칼집을 넣고 벌어진 틈에 토핑용으로 남겨 준 재료를 올려 주세요. 180℃로 예열된 오븐에서 15~20분간 구워 주세요.

옥수수고구마두유밥

밥을 지을 때 두유를 넣어 보셨어요? 밥을 짓는 내내 고소한 냄새가 솔솔 풍겨요. 상상만으로는 알 수 없는 고소한 밥 짓기, 오븐으로 함께 해요.

흰쌀 1컵, 혼합 잡곡 1/2컵, 통조림 옥수수 60g, 고구마 100g, 버터 10g, 물 250ml, 두유 200ml

1 흰쌀과 잡곡을 넣고 잘 씻어서 불려 두세요. 고구마는 껍질째 씻어서 사방 1cm의 정사각형 모양으로 잘라 주세요.

2 통조림 옥수수는 체에 밭쳐 물기를 뺀 후 이용해 주세요. 냄비에 버터를 녹여 주세요.

3 불린 쌀의 물기를 빼고 버터를 녹인 냄비에 옥수수와 함께 넣고 쌀알이 투명해질 때까지 볶아 주세요.

4 오븐에 사용 가능한 내열 볼에 볶은 쌀과 옥수수를 담아 주세요.

5 고구마를 쌀 위에 얹고 두유를 부어 주세요.

6 뚜껑을 덮어 230℃로 예열된 오븐에 넣고 40분 정도 가열해 준 후 오븐을 끈 상태로 안에 그대로 두고 5분 정도 뜸을 들여 주세요.

옥수수치즈구이 

통조림 옥수수 1/2분량, 양파 1/4개, 청·홍피망 1/3개씩, 햄 30g, 마요네즈 1큰술, 슬라이스 치즈 1/2장, 피자 치즈 적당량

1 옥수수는 통조림 에서 꺼내 체에 올려놓고 물기를 빼 주세요.
2 청·홍피망은 씨를 제거하고 양파와 함께 큼직하게 썰어 놓으세요.
3 햄은 잘게 썰어 주세요.
4 볼에 옥수수와 청·홍피망, 양파, 햄을 넣고 마요네즈를 넣어 고루 섞어 주세요.
5 철판에 ④의 재료를 올려 고루 펴 주고 그 위에 피자 치즈와 손으로 잘게 자른 슬라이스 치즈를 얹어 주세요.
6 180℃로 예열된 오븐에서 15분 정도 구운 후 꺼내서 파슬리가루를 뿌려 주세요.
   (오븐 대신 전자레인지에 넣고 랩을 덮지 않은 채로 5분 정도 가열해 주서도 돼요.)

누룽지쿠키

전기밥솥이 아닌 솥에다 밥을 지으면 얻을 수 있는 누룽지. 요즘은 전기밥솥으로도 누룽지를 만들기도 하죠? 오븐을 이용하면 그보다 더 간편하게 추억의 간식, 누룽지를 만들 수 있답니다. 남는 찬밥을 이용하면 골칫거리 찬밥 해결에 간식 만들기까지 일석이조의 효과를 보실 수 있어요.

밥 1공기, 후리카케 1봉지, 검은깨 · 통깨 1작은술씩, 아몬드 슬라이스 1줌

1 볼에 밥을 넣고 후리가케와 검은깨, 통깨를 넣고 고루 섞어 주세요.

2 슬라이스 아몬드를 ①에 넣고 고루 섞어 주세요.

3 준비된 타르트 팬 바닥에 기름을 고루 발라 준 후 밥을 넣고 펴서 꾹꾹 눌러 주세요.

4 눌려진 밥을 9등분으로 나눠 칼집을 내 주세요.

5 200℃로 예열된 오븐에서 20~25분간 구워 주세요.

누룽지버섯채소볶음

누룽지쿠키 1줌, 양파 1/4개, 청피망 1/2개, 빨강 · 노랑 파프리카 1/4개씩, 모둠 버섯(양송이, 느타리, 새송이 등) 30g, 비엔나소시지 4개, 스위트 칠리소스 · 칠리소스 1큰술씩

1 양파, 청피망, 빨강 · 노랑 파프리카는 새끼손톱 정도의 크기로 잘라 두세요.
2 버섯은 모양을 살려 큼직하게 썰어 둡니다.
3 비엔나소시지는 칼집을 넣고 뜨거운 물에 살짝 데쳐 주세요.
4 팬에 기름을 약간 두르고 ①의 재료를 볶다가 비엔나소시지를 넣고 함께 볶아 주세요.
5 손질해둔 버섯을 ④에 넣고 가볍게 볶아 주다가 누룽지쿠키를 넣고 1분 정도 재빨리 볶아 줍니다.
6 스위트 칠리소스와 칠리소스를 넣고 고루 섞이도록 볶은 후 접시에 담아냅니다.

단호박불고기볶음밥치즈구이

단호박 속에 불고기볶음밥이 가득 담겨 있어서 한 스푼, 두 스푼 파 먹을수록 즐거워져요. 보는 재미와 먹는 재미를 모두 충족시켜 주는 단호박불고기볶음밥치즈구이! 바닥이 보일 때까지 쭉 파 볼까요? 먹고 난 후 설거지 걱정 안 해도 되니 부담 없이 편하게 드세요~.

단호박 1/2개, 밥 1공기, 불고기 양념을 한 쇠고기 80g, 양파 · 홍피망 1/4개씩, 소금 · 피자 치즈 · 파슬리 · 볶음용 기름 약간씩

1 단호박은 랩을 씌워 전자레인지에 넣고 7분 정도 가열해 주세요. 전자레인지로 삶은 단호박을 반으로 잘라 속의 씨를 제거해 줍니다.

2 양파와 홍피망은 큼직하게 잘라 주세요. 쇠고기는 불고기 양념을 해 준비해 둡니다. 미리 불고기 양념을 해서 냉동해 둔 것을 이용하시면 편리해요.

3 팬에 기름을 약간 두르고 양파를 볶아 주세요. 양파가 살짝 익으면 불고기를 넣고 함께 볶아 줍니다.

4 고기가 반 정도 익으면 홍피망을 넣고 볶아 주세요. 밥을 넣고 고루 섞으면서 볶아 줍니다. 간을 보고 조금 싱거운 것 같으면 소금을 넣어 간을 맞춰 주세요.

5 단호박에 불고기볶음밥을 꼭꼭 눌러 채워 넣어 주세요.

6 그 위에 피자 치즈와 파슬리를 뿌리고, 180℃로 예열된 오븐에서 10~15분간 구워 주세요.

단호박고구마크로켓

단호박 · 고구마 70g씩, 연유 1작은술, 비엔나소시지 5개, 빵가루 2큰술, 포도씨유 약간

1 단호박과 고구마는 삶아서 껍질을 제거하고 뜨거울 때 으깨서 섞어 주세요.
2 으깬 단호박과 고구마에 연유를 넣고 고루 섞어 주세요.
3 반죽을 5등분해 나눈 후 한 덩어리씩 손으로 비엔나소시지가 들어갈 정도로 눌러 편 후 소시지를 반죽에 올려 감싸 주세요.
4 소시지 넣은 반죽을 빵가루에 고루 묻혀 주세요.
5 팬에 빵가루 묻힌 반죽을 올리고 포도씨유를 약간씩 뿌려준 후 190~200℃로 예열된 오븐에서 10~15분간 노릇하게 구워 주세요.

나물비빔밥도리아

제사나 명절 음식에서 빠지지 않는 게 나물이죠? 그런데 제사 지내고 나면 처치곤란으로 전락해 버리기 일쑤예요. 남은 나물로 맛있는 요리를 해 보는 건 어떨까요? 우리의 전통 나물과 서양의 크림소스가 만나 동서양의 조화를 이뤄낸 나물비빔밥도리아! 이제 나물은 더 이상 처치곤란 골칫덩어리가 아니랍니다!

각종 나물무침(고사리, 도라지, 콩나물, 시금치, 당근) 약간씩, 밥 1공기, 시판 크림소스 1봉지, 피자 치즈 약간

1 집에 남아 있는 나물을 조금씩 모아 주세요.

2 볼에 밥을 넣고 나물을 넣어 고루 섞어 주세요.

3 시판 크림소스를 중탕하거나 전자레인지를 이용해 데운 후 나물을 섞은 밥에 3~4큰술 넣고 비비듯이 섞어 주세요.

4 오븐용 내열 볼에 ③을 담은 후 남은 크림소스를 얹어 주세요.

5 그 위에 피자 치즈를 약간 뿌려 준 후 180~190℃로 예열된 오븐에서 15분 정도 구워 주세요.

고추장나물유부초밥

각종 나물 약간씩, 밥 1공기, 고추장 1작은술, 시판 초밥용 유부 1/2봉지

1 볼에 나물과 밥을 넣고 고루 섞어 주세요.
2 고추장을 넣고 잘 비벼 섞어 줍니다.
3 시판 초밥용 유부에 비벼 놓은 비빔밥을 채워 넣어 주세요.

라이스김치피자

우리 식생활이 달라졌다고 하는데요, 그래도 우리 식단에서 절대 빠질 수 없는 건 역시 김치인 듯해요.
그 어떤 느끼함도 한방에 날려 주는 김치! 이제 피자의 느끼함은 잊으셔도 좋아요.

밥 1+1/2공기, 배추김치 50g, 청피망 · 빨강 · 노랑 파프리카 1/4개씩, 양파 1/4개, 소시지 1개, 냉동 새우 1줌,
피자 치즈 적당량, 피자 소스 2큰술, 볶음용 기름 약간

1 따끈한 밥에 잘게 자른 배추김치를 넣고 고루 섞어 주세요. 이것을 적당한 틀에 밥을 펴서 꾹꾹 눌러 담아 주세요.

2 눌러 담은 밥 위에 피자 소스를 고루 펴 발라 줍니다.

3 청피망, 빨강 · 노랑 파프리카, 양파를 새끼손톱 정도의 크기로 잘라 두세요.

4 소시지와 냉동 새우는 끓는 물에 살짝 데쳐서 물기를 빼 주세요. 팬에 기름을 약간 두르고 ③의 재료를 1분 정도 가볍게 볶아 주세요.

5 ② 위에 볶은 야채들을 펴 담고 그 위에 소시지와 새우를 얹어 주세요.

6 피자 치즈를 적당히 뿌리고 190~200℃로 예열된 오븐에서 15분 정도 구워 주세요.

햄치즈토르티야피자

8인치 당근 토르티야, 슬라이스 햄 4장, 슬라이스 치즈 1장, 피자 치즈 약간, 칠리소스 · 스위트 칠리소스 1큰술씩

1 당근 토르티야는 기름을 두르지 않은 팬에 넣고 앞뒤로 살짝만 구워 주세요.

2 슬라이스 햄을 토르티야 위에 고루 얹고 그 위에 슬라이스 치즈를 적당히 잘라서 얹어 주세요.

3 피자 치즈를 고루 뿌려준 후 190℃로 예열된 오븐에서 10분간 구워 주세요.

4 구워진 피자를 꺼내 칠리소스와 스위트 칠리소스를 뿌려 주세요.

브로콜리참치주먹밥구이

출출할 때 편의점에 가면 꼭 사 먹게 되는 것 중 하나가 주먹밥이죠? 이제는 집에서 직접 주먹밥을 만들어 봐요. 단 몇 분이면 맛있는 주먹밥을 뚝딱 만들 수 있답니다. 그럼 주먹밥 사러 편의점 갈 일은 줄어들겠죠? 집에서 만드니 맛과 영양 면에서도 믿을 수 있어요.

밥 1공기, 시판 후라가케 1봉지, 브로콜리 30g, 참치 통조림 1/2개, 고추장 · 올리브유 1작은술씩

I 밥에 시판 후라가케를 넣고 고루 섞어 주세요.

2 브로콜리는 다져 주세요.

3 ①의 밥에 다진 브로콜리를 넣고 고루 섞어 주세요. 참치는 체에 밭 쳐서 기름을 어느 정도 제거한 후 고추 장을 넣고 섞어 줍니다.

4 준비해 둔 밥을 주먹밥 틀에 1/2 정도만 넣고 수저를 이용해서 꾹 꾹 눌러 주세요. 밥 위에 고추장에 버무 린 참치를 얹어 주세요.

5 남겨둔 밥을 참치 위에 고루 얹 어서 덮어 주세요. 주먹밥 덮개로 힘을 줘서 꾹 눌러 주세요.

6 틀에서 꺼낸 후 올리브유를 표면 에 바르고 팬에 얹어 200℃로 예 열된 오븐에서 10~15분간 구워 주세요.

아몬드불고기주먹밥구이

밥 1공기, 아몬드 · 피스타치오 1줌씩, 양념한 불고기 50g

1 아몬드와 피스타치오는 블랜더에 넣고 갈아 주세요.
견과류 입자가 씹히는 게 좋으면 살짝만 갈아서 견과류 입자가 살아 있도록 해 줘도 돼요.
2 따뜻한 밥에 갈아 놓은 견과류를 넣고 고루 섞어 주세요.
3 양념한 불고기는 팬에 잘 볶아 주세요.
4 주먹밥 틀에 ②의 밥을 반 정도 넣고 잘 누른 후 볶은 불고기를 넣고 그 위에 다시 밥을 덮은 후 눌러 주세요.
5 팬에 주먹밥을 얹고 190~200℃로 예열된 오븐에서 10~15분간 구워 주세요.

포테이토라이스 스테이크

찬밥이라고 무시하지 마세요. 삶은 감자와 뭉치면 근사한 스테이크로 변신할 수 있답니다. 찬밥의 놀라운 변신을 지켜보세요. 괄시받던 찬밥이 고기보다 근사한 스테이크로 변신해서 깜짝 놀랄 맛을 내요.

감자 1개, 햄·모둠 채소(당근, 그린빈, 옥수수, 완두) 30g씩, 찬밥 1+1/2공기, 빵가루 2큰술, 소금 약간, 포도씨유 1큰술, 토핑용 빵가루 약간

1 감자는 껍질을 벗겨 삶은 후 뜨거울 때 으깨 주세요. 햄과 모둠 채소는 잘게 다져서 준비해 주세요.

2 으깬 감자에 따뜻하게 데운 밥을 넣고 섞어 주세요. 잘게 자른 채소와 햄을 감자에 섞은 밥에 넣고 고루 섞어 줍니다.

3 빵가루를 밥에 넣고 손으로 조물조물 섞어 주세요. 부족한 간은 소금으로 맞춰 주세요. 손바닥 정도의 크기로 밥 반죽을 뭉쳐 모양을 잡아 주세요.

4 팬 위에 밥 반죽을 얹은 후 포도씨유를 표면에 고루 발라 주세요.

5 토핑용 빵가루를 조금씩 뿌려 주세요.

6 오일스프레이를 이용해 포도씨유를 고루 뿌린 후 200℃로 예열된 오븐에서 10~15 정도 구워 주세요.

해물라이스브리또

8인치 당근 토르티야·8인치 바나나 토르티야 1장씩, 밥 2공기, 양파 1/3개, 모둠 채소 30g, 냉동 모둠 해물 100g, 스위트 칠리소스 3큰술

1 당근 토르티야와 바나나 토르티야는 기름을 두르지 않은 팬에 약한 불로 앞뒤로 살짝 구워서 준비해 두세요.

2 양파와 모둠 채소(당근, 옥수수, 그린빈 등)는 잘게 다지고 냉동 모둠 해물(새우, 오징어, 주꾸미, 조개 등)은 끓는 물에 데쳐서 물기를 뺀 후 잘게 다져 둡니다.

3 기름을 두른 팬에 양파와 모둠 채소부터 볶다가 양파가 반 정도 익으면 잘게 자른 모둠 해물을 넣고 함께 볶아 주세요.

4 야채와 해물이 어느 정도 익으면 밥을 넣고 고루 섞으면서 센 불에 2분 정도 볶다가 스위트 칠리소스를 넣고 섞으면서 1분 정도 볶아 주세요.

5 토르티야에 ④의 재료를 가운데 올리고 중앙으로 포개고 양 옆을 접은 후 접은 부분을 아래쪽으로 해서 팬에 올려 주세요.

6 180~190℃로 예열된 오븐에서 10분 정도 굽다가 꺼내서 뒤집어 준 후 5분 정도 더 구워 줍니다.

꽁치고추장구이

아미노산과 불포화지방산이 풍부하게 들어 있는 꽁치는 아이들의 두뇌 발달과 노인들의 치매 예방에 좋은 생선이에요. 맛 좋고 영양가 좋은 꽁치를 고추장 양념 곱게 발라 예쁘게 구워 주세요. 한 점 한 점 먹을 때마다 머리가 좋아지는 게 느껴지나요?

꽁치 1마리, 청주 1큰술
고추장 양념 고추장 · 양파즙 1큰술씩, 다진 생강 1/4작은술, 다진 파 · 물엿 1작은술씩, 참기름 1/2작은술

1 꽁치는 칼끝으로 살살 긁어서 비늘을 벗겨 내고 아가미 쪽으로 내장을 뺀 후 흐르는 물에 씻어 주세요. 씻은 꽁치는 물기를 제거하고 어슷하게 칼집을 넣어 주세요.

2 꽁치에 청주를 뿌려 두세요.

3 볼에 고추장 양념 분량의 재료를 모두 넣고 고루 섞어 주세요.

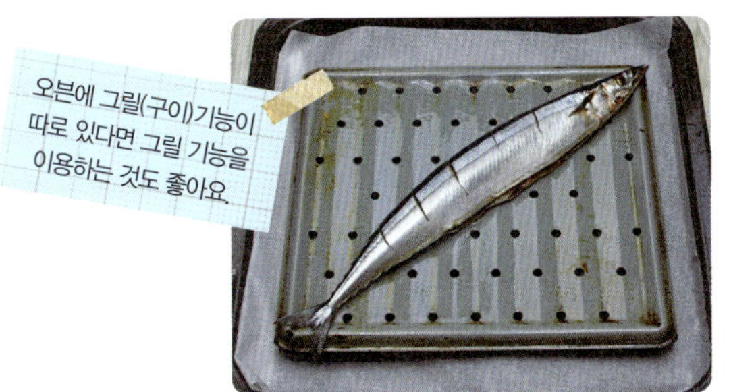

4 오븐용 석쇠 팬에 꽁치를 얹어 180~190℃로 예열된 오븐에 넣고 20~25분 정도 구워 주세요.

5 꽁치가 어느 정도 구워지면 꺼내서 고추장 양념을 앞뒤로 바르고 다시 오븐에 넣어 10분 정도 구워 주세요.

Plus Cooking

꽁치마늘구이

꽁치 1마리, 다진 마늘 1작은술, 포도씨유 1큰술, 소금 약간

1 꽁치는 칼끝으로 비닐을 긁고 내장을 뺀 후 어슷하게 칼집을 넣어 주세요.
2 작은 볼에 다진 마늘과 포도씨유, 소금을 넣고 잘 섞어 주세요.
3 호일에 기름을 바른 후 꽁치를 올리고 마늘소스를 고루 발라 주세요.
　소스를 바른 꽁치를 호일로 싸서 180~190℃로 예열된 오븐에 넣고 30분 정도 구워 주세요.
4 호일을 벗긴 후 다시 오븐에 넣고 5~10분간 노릇노릇한 색이 나도록 구워 주세요.

선식후레이크 갈치구이

여러 가지 잡곡을 바삭하게 구워 놓은 선식 후레이크를 한 통 샀어요. 우유나 두유에 넣어 먹으면 고소하면
서도 구수한 게 정말 맛있더라고요. 제가 좋아하는 갈치를 구울 때도 이용해 봤는데, 어떤 맛일까 궁금하시
죠? 갈치를 씹을 때마다 바삭 바삭, 맛있는 소리가 난답니다.

갈치 1마리, 소금 약간, 선식 후레이크 1컵

1 여러 가지 잡곡을 구워서 만든 선식 후레이크를 준비하세요.

2 갈치는 내장을 빼고 머리를 자른 후 두 토막으로 잘라 칼집을 넣어 주세요.

3 칼집을 넣은 갈치에 소금을 뿌려 주세요.

4 팬에 갈치가 달라붙지 않도록 종이호일을 깔고 그 위에 갈치를 얹은 후 180℃로 예열된 오븐에서 20분간 구워 주세요.

5 갈치가 어느 정도 익으면 접시에 선식 후레이크를 담고 그 위에 갈치를 놓아 앞뒤로 선식 후레이크를 고루 뿌려 주세요. 다시 팬에 올려 오븐에 넣고 10분 정도 더 구워 주세요.

갈치간장구이

갈치 1마리, 조림용 맛간장 3큰술, 다진 생강 1/2작은술, 올리고당 2큰술

1 갈치는 내장을 꺼내고 머리를 자른 후 2등분으로 잘라 주세요.

2 조림용 맛간장, 다진 생강, 올리고당을 소스 팬에 넣고 바글바글 끓인 후 식혀 두세요.
  (조림용 맛간장이 아닌 진간장을 이용할 경우에는 진간장 2큰술에 청주 1큰술을 넣고 섞어서 이용해 주세요.)

3 갈치를 팬에 얹어 180℃로 예열된 오븐에서 10분 정도 구운 후, 준비된 간장을 앞뒤로 2~3번 덧발라 주며 속까지 완전히 익혀 주세요.

고등어스테이크

통통한 고등어는 구이나 조림으로 자주 해 먹는 인기 만점 생선이죠? 늘 해 먹던 구이나 조림이 지겨우신 분들은 새로운 고등어 요리에 도전해 보세요. 간장양념 맛이 밴 짭조름한 고등어스테이크 한 점이면 쇠고기스테이크가 부럽지 않답니다.

고등어 1마리, 베트남 고추 5개, 실파 약간, 쌀뜨물 3컵
양념장 진간장 2큰술, 물 1~2큰술, 다진 마늘 · 청주 1큰술씩, 다진 생강 1/2작은술, 참기름 · 꿀 1작은술씩,
소금 · 후춧가루 약간씩

1 고등어는 반을 갈라 내장을 빼고 쌀뜨물에 잠깐 담갔다가 건져 주세요.

2 쌀뜨물에서 건진 고등어는 마른행주나 키친타월에 올려 물기를 닦아 주세요.

3 크기는 작지만 매운맛이 강한 마른 베트남 고추를 준비해서 잘게 잘라 두세요.

4 양념장 분량을 모두 섞고 잘게 자른 베트남 고추를 넣고 고루 섞어 주세요.

5 오븐용 석쇠 위에 고등어를 올리고 준비된 양념장을 발라서 30분 정도 재워 두었다가 180~190℃로 예열된 오븐에서 20분 정도 구워 주세요.

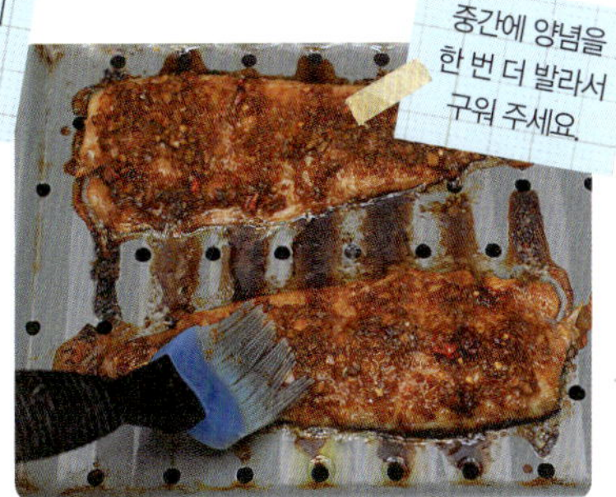

6 20분쯤 구운 고등어를 꺼내서 남은 양념을 다시 한 번 바른 후 다시 오븐에 넣어 10분 정도 더 구워 주세요.

칠리소스고등어구이

고등어 1/2마리, 청 · 홍피망 1/2개씩, 양파 1/4개, 스위트 칠리소스 1큰술

1 고등어는 내장을 빼고 깨끗이 씻어 머리를 잘라낸 후 3등분해서 잘라 주세요.
　(소금간이 되어 있는 고등어를 이용하실 경우 쌀뜨물에 잠시 담가 두시면 짠맛을 어느 정도 제거할 수 있어요.)
2 청 · 홍피망과 양파는 잘게 잘라 주세요.
3 고등어는 팬에 얹어 180~190℃로 예열된 오븐에 넣고 속까지 익혀 주세요.
4 팬에 기름을 두르고 양파를 볶다가 어느 정도 익으면 청 · 홍피망을 넣고 아삭한 맛이 살아 있도록 살짝만 볶은 후 칠리소스를 넣고 소스가 섞이도록 저으면서 볶아 주세요.
5 구워진 고등어를 접시에 담고 그 위에 칠리소스에 볶은 야채를 얹어 주세요.

북어양념구이

비 오는 날 먼지 나도록 패면 스트레스가 확 풀린다는 북어. 남편이나 아이 때문에 스트레스 쌓이는 일이 있
으셨다면, 북어양념구이로 시원하게 스트레스 풀어 보세요. 술 마시고 늦게 들어온 남편이 미울 때는 북엇
국 대신 북어 양념구이를 만들어 보세요.

북어 1마리, 유장(참기름 1큰술, 진간장 1/2작은술), 통깨 약간
고추장 양념 고추장 · 물엿 1큰술씩, 고춧가루 · 진간장 · 설탕 · 다진 마늘 1작은술씩

1 북어는 반으로 갈라져 있는 것을 준비해서 속까지 촉촉해지도록 물을 뿌려서 5~10분간 그대로 두세요.

2 참기름에 간장을 섞어 유장을 만들어 줍니다.

3 북어에 유장을 고루 발라 180℃로 예열된 오븐에서 10분 정도 구워 줍니다.

4 고추장 양념 분량을 볼에 넣고 고루 섞어 주세요.

5 북어에 고추장 양념을 앞뒤로 고루고루 발라 주세요.

6 고추장 양념을 발라 30분 정도 재워 두었다가 180℃로 예열된 오븐에서 15분 정도 구운 후 꺼내서 먹기 좋은 크기로 잘라 주세요. 접시에 담고 통깨를 뿌려 주세요.

다양한 이름을 가지고 있는 명태를 알아보자

동태는 명태를 얼린 것으로 비린내가 적게 나요.
생태는 갓 잡아 올린 명태를 말합니다.
황태는 내장을 뺀 명태를 12~4월까지 걸어 놓고 얼렸다, 녹였다를 반복하며 황금빛으로 연하게 부풀도록 만든 거예요.
북어는 명태를 빠르게 건조한 것으로 황태보다 가격이 저렴하답니다.
코다리는 명태를 바닷바람에 반 정도만 말린 것이고요, 노가리는 2~3년생의 새끼 명태를 일컫는 것이랍니다.

뱅어포구이

보기에는 작고 하찮아 보이지만 뼈대 있는 가문 출신의 뱅어로 만든 뱅어포! 칼슘 덩어리인 뱅어포는 지방의 흡수를 막아줘서 다이어트에도 더없이 좋답니다. 또한 뼈도 튼튼하게 만들어 준다니 마음껏 먹어도 다이어트 걱정도 없이 오히려 몸이 튼튼해지는 기분이 들 거예요.

뱅어포 3장, 마른 고추 1개, 실파 1뿌리, 포도씨유 · 설탕 2큰술씩, 통깨 1작은술, 소금 약간

1 뱅어포 1장을 6~8등분해서 잘라 주세요.

2 마른 고추와 실파는 잘게 다지듯이 송송 썰어 주세요.

3 잘라 둔 뱅어포를 오븐 팬에 고루 펴서 올리고 포도씨유를 오일 스프레이에 넣어 넉넉히 뿌려 주세요.

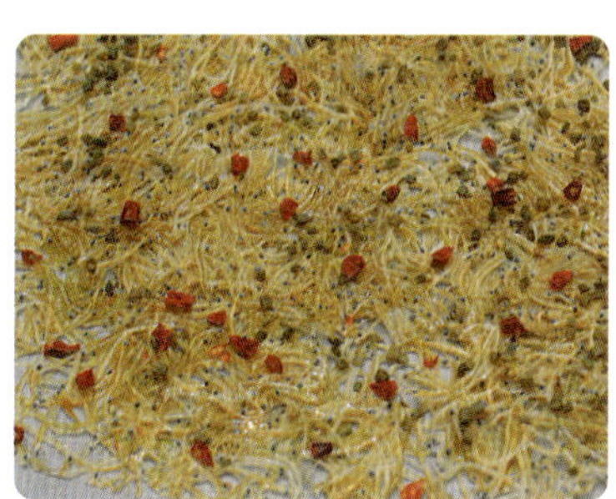

4 뱅어포 위에 잘게 자른 마른 고추와 실파를 뿌리고 180℃로 예열된 오븐에서 10분 정도 노릇하게 구워 주세요.

5 작은 볼에 설탕과 통깨, 소금을 넣고 고루 섞어 둡니다.

6 구워진 뱅어포에 ⑤를 살살 뿌려 주세요.

뱅어포고추장구이

뱅어포 2장, 통깨 약간, 유자청 · 고추장 · 물 2큰술씩,
고춧가루 · 다진 마늘 · 설탕 · 청주 1작은술씩, 참기름 1/2작은술

1 뱅어포와 통깨를 제외한 나머지 재료 모두를 냄비에 넣고 보글보글 끓여 주세요.
2 뱅어포는 180℃로 예열된 오븐에 넣고 5~7분간 노릇하게 구워 주세요.
3 구워진 뱅어포에 끓여 놓은 양념장을 펴 발라 가며 켜켜이 쌓은 후 한입 크기로 잘라 접시에 담고 통깨를 뿌려 주세요.

오징어간장불고기

우리가 피로 회복을 위해 먹는 건강음료에는 타우린이 들어 있어요. 타우린이 바로 피로를 풀어주고 원기를 회복시켜 주는 장본인이라고 할 수 있죠. 굳이 건강음료가 아니더라도 타우린을 섭취할 수 있는데요, 바로 오징어를 먹으면 된답니다. 타우린의 보고, 오징어로 피로를 날려 버리세요!

오징어 1마리, 굵은 소금 약간, 쇠고기 100g, 느타리버섯 2개, 표고버섯 · 새송이버섯 1개씩, 황금송이버섯 약간,
소금 · 참기름 약간씩
양념 진간장 1큰술, 설탕 · 물엿 1작은술씩, 소금 · 후춧가루 약간씩

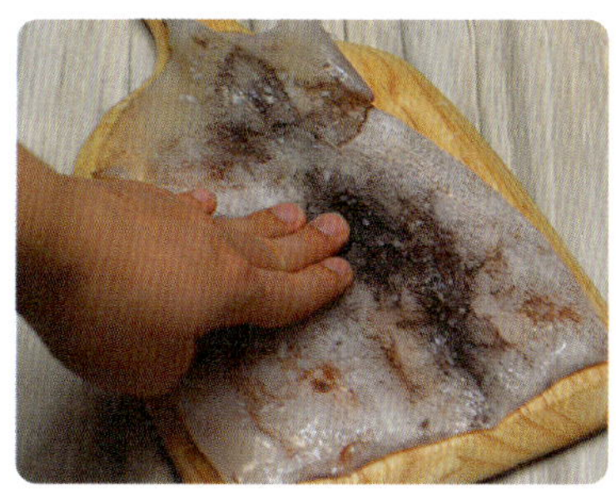

1 오징어는 내장을 꺼내고 잘라서 편 후 굵은 소금을 뿌려 힘차게 문질러 껍질을 깨끗이 벗겨 주세요.

2 껍질 벗긴 오징어에 칼집을 넣어 먹기 좋은 크기로 잘라 주세요.

3 느타리버섯은 끓는 물에 살짝 데친 후 세로로 찢어 놓고 표고버섯과 새송이버섯은 모양을 살려 잘라 주세요. 황금송이버섯은 뿌리 부분을 자른 후 가닥가닥 떼어 두세요.

4 쇠고기를 소금과 참기름으로 조물조물 무친 후 잘라 둔 버섯과 양념을 넣어 고루 섞어 주세요.

5 오븐용 그릇에 양념해 둔 ④를 넣고 180~190℃로 예열된 오븐에서 20분간 구워 주세요.

6 고기가 어느 정도 익으면 오징어를 넣고 뚜껑을 덮거나 호일을 덮어 오징어에 양념이 배어들도록 20분 정도 더 구워 주세요.

오징어빈대떡

오징어 다리 2개 분량, 모둠 채소(당근, 옥수수, 그린빈, 완두) 50g, 달걀 1개, 부침가루 3큰술,
소금 · 후춧가루 약간씩

1 오징어는 다리 부분만 잘게 잘라 주세요.
2 볼에 달걀을 풀고 부침가루를 넣고 섞어 주세요.
3 오징어 다리와 모둠 채소를 ②의 반죽에 넣고 고루 섞은 후 소금과 후춧가루를 넣어 간을 맞춰 줍니다.
　(반죽이 너무 되직하면 물을 넣어 질기를 맞춰 주세요.)
4 오븐용 팬에 반죽을 붓고 190℃로 예열된 오븐에서 20~25분간 구워 주세요.

두부고추참치구이

두부는 어떤 재료와도 잘 어울리는 착한 식재료 중 하나예요. 오븐에 담백하게 구워 매콤한 고추참치를 곁
들이면 반찬은 물론 안주로도 좋아요. 집에 있는 재료들로 금방 만들 수 있으니 냉장고에 넣어 둔 맥주가 그
리운 날엔 주저 없이 만들어 보세요.

두부 1모, 허브솔트 적당량, 참치 통조림(小) 2개, 배추김치 40g, 참기름 1/2작은술
양념 고추장 2큰술, 설탕 · 다진 마늘 · 참기름 1작은술씩, 다진 생강 1/4작은술

1 두부는 8등분으로 나눠 자른 후 물기를 닦아 주세요.

2 오븐 팬에 두부를 올리고 허브솔트를 뿌린 후 200℃로 예열된 오븐에서 10분간 노릇하게 구워 주세요.

3 참치 통조림을 체에 받쳐서 기름을 빼 주세요.

4 볼에 양념의 재료를 모두 넣고 고루 섞어 주세요.

5 참치 통조림을 양념에 넣고 고루 버무려 주세요.

6 구워 놓은 두부에 양념에 버무린 참치를 얹고 그 위에 두부를 덮어 주세요.

7 배추김치는 속을 털어 내고 잘게 송송 썰어 참기름을 넣고 조물조물 무쳐 주세요.

8 참기름에 버무린 김치를 ⑥ 위에 얹고 접시에 담아 내세요.

감자채구이

감자와 치즈는 찰떡궁합이라고 해요. 감자에 부족한 지방과 단백질을 치즈가 보완해 영양을 한 단계 더 UP 시켜 주기 때문이래요. 맛도 UP 시키고 영양도 UP 시키고 이보다 좋을 수는 없겠죠? 사랑스러운 하트 그릇에 담아내면 기분도 UP이랍니다.

감자(中) 1개, 달걀 2개, 소금 · 후춧가루 약간씩, 브로콜리+콜리플라워 60g, 프랑크소시지 4개, 통조림 옥수수 3큰술,
마요네즈 2큰술, 씨겨자 1작은술, 허니 머스터드 1큰술, 피자 치즈 적당량, 파슬리 약간

1 감자는 껍질을 벗긴 후 회전채칼을 이용해 가늘게 채 썰어 주세요.

2 채 썬 감자를 물에 10분 정도 담가 전분기를 없앤 후 꺼내서 물기를 제거해 주세요.

3 볼에 달걀을 넣고 소금과 후춧가루를 뿌린 후 잘 섞어 주세요.

4 채 썬 감자를 ③에 넣고 잘 섞어 주세요.

5 오븐용 팬에 ④를 넣고 190℃로 예열된 오븐에서 15분간 구워 주세요.

6 감자를 굽는 동안 위에 올릴 재료를 손질합니다. 통조림 옥수수는 체에 밭쳐 물기를 빼고 브로콜리와 콜리플라워는 잘게 다져 주세요. 프랑크소시지는 잘게 잘라 줍니다.

7 볼에 손질한 재료를 넣고 마요네즈와 씨겨자, 허니 머스터드를 넣고 잘 버무려 주세요.

8 구워진 감자를 꺼내서 그 위에 ⑦을 얹고 고루 펴 주세요.

9 피자 치즈를 적당량 얹고 파슬리를 뿌린 후 200℃로 예열된 오븐에 넣어 15~20분간 구워 주세요.

토르티야해물고추장볶음

음식을 만들고 먹는 일은 참 즐겁고 행복한데 먹고 난 뒤 쌓인 설거지거리를 보면 즐거움은 사라지고 맘이 심란해지잖아요. 이제 설거지 부담을 날려 버리고 즐겁게 요리를 즐겨요. 입안이 화끈해지는 매콤한 해물 볶음이 입맛을 확 당겨드릴 거예요.

8인치 당근 · 시금치 · 바나나 토르티야 1장씩, 청 · 홍피망 1/2개씩, 양파 1/3개, 냉동 해물 모둠(오징어, 주꾸미, 새우, 관자, 가재 살, 조개류) 300g, 레몬즙 2~3방울, 볶음용 기름 약간
양념 고추장 2큰술, 고춧가루 · 진간장 · 설탕 1큰술씩, 참기름 1작은술

1 토르티야는 8인치 사이즈로 당근 · 시금치 · 바나나 1장씩을 준비하세요.

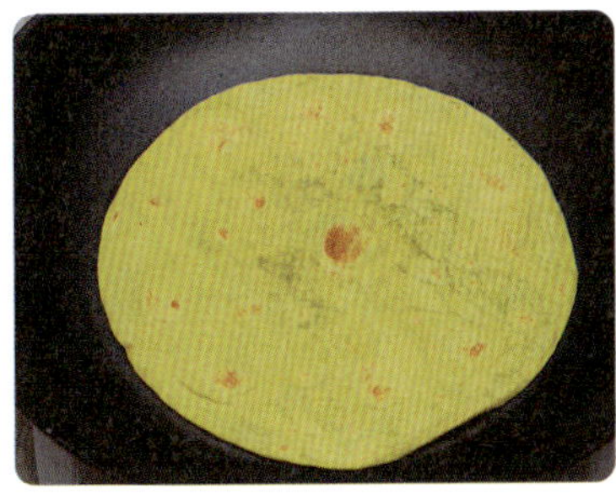

2 토르티야는 냉동 상태로 보관하는데 꺼내시면 기름을 두르지 않은 팬에 약한 불로 앞뒤로 살짝만 구워 주세요.

3 오븐용 도기 그릇에 토르티야를 접어 넣고 180℃로 예열된 오븐에서 10~15분간 구워 주세요. 청 · 홍피망과 양파는 엄지손톱 정도의 크기로 큼직하게 썰어 두세요.

4 냉동 해물은 레몬즙을 2~3방울 넣은 끓는 물에 해물을 넣고 살짝 데친 후 물기를 빼고 관자와 가재 살을 큼직하게 잘라 주세요.

5 양념 분량을 볼에 미리 섞어 두세요.

6 팬에 기름을 약간 두르고 잘라 둔 청 · 홍피망과 양파를 넣고 볶아 주세요.

7 야채가 반 정도 익으면 해물들을 넣고 함께 볶아 줍니다.

8 해물이 익으면 고추장 양념을 넣고 양념이 고루 섞이도록 저으면서 1~2분간 볶아 주세요.

9 구워진 토르티야 그릇에 해물 볶음을 담아 주세요.

어묵고구마크로켓

찬바람 불 때 따끈한 어묵 한 꼬치면 얼었던 몸이 스르르 녹아들죠? 따끈한 어묵국도 좋지만 고구마를 품은 바삭한 크로켓도 일품이에요. 오븐에 구운 담백한 크로켓으로 몸과 마음을 따뜻하게 녹여 봐요. 튀기는 게 아니라 오븐에 구워 주는 것이라 기름도 적게 사용하고 바삭바삭한 느낌은 제대로 살려준답니다.

어묵 3개, 햄 30g, 고구마 80g, 밀가루 1큰술, 달걀 1/2개, 빵가루 3큰술, 포도씨유 2큰술, 볶음용 기름 약간

1 어묵은 체에 밭치고 끓는 물을 끼얹어 겉기름을 제거해 주세요.

2 햄은 잘게 다져 주세요.

3 팬에 기름을 약간 두르고 다진 햄을 넣고 볶아 주세요.

4 고구마는 껍질을 벗겨 삶은 후 뜨거울 때 으깨 주세요.

5 으깬 고구마에 볶은 햄을 넣고 고루 섞어 주세요.

6 가운데 구멍이 뚫린 어묵에 ⑤를 채워 넣어 주세요.

7 어묵에 밀가루→달걀→빵가루 순서로 옷을 입혀 주세요.

8 팬에 어묵을 놓고 포도씨유를 뿌려준 후 200℃로 예열된 오븐에서 10분 정도 구운 후 뒤집어서 다시 10분 정도 구워 주세요.

버섯달걀구이

제가 고기보다 좋아하는 게 버섯이에요. 쫄깃하게 씹히는 맛이 고기만큼 좋고 칼로리 부담도 적어 먹을수록 몸도 마음도 가벼워지는 기분이에요. 좋아하는 버섯을 듬뿍 넣고 팬에 구워 한 조각씩 잘라 먹으면 피자 먹는 기분을 낼 수 있어요. 피자보다 칼로리는 훨씬 적고 맛은 피자 못지 않아요.

달걀 2개, 물 2큰술, 느타리버섯 3개, 팽이버섯 10g, 모둠 채소(당근, 옥수수, 그린빈, 완두) 80g, 맛술 1작은술, 소금 약간,
스테이크소스 1큰술, 우스터소스 1/2작은술

1 불에 달걀과 물을 넣고 고루 섞어 주세요.

2 느타리버섯은 끓는 소금물에 살짝 데친 후 손으로 찢고 팽이버섯은 밑동을 자른 다음 1/2 길이로 자르고 채소는 잘게 다져 둡니다.

3 달걀에 버섯과 채소를 넣고 고루 섞어 주세요.

4 반죽에 맛술을 넣고 섞어 주세요.

5 오븐용 도자기 팬에 반죽을 넣고 180~190℃로 예열된 오븐에서 20~25분간 구워 주세요.

6 구워진 달걀에 시판 스테이크소스와 우스터소스를 섞어 일회용 짤주머니에 넣어 달걀 위에 모양을 내 짜 주세요.

사워크림 스콘

핫케이크 가루 200g, 건조 자두 35g, 사워크림 60g, 버터 80g

1 건조 자두는 내열 볼에 잘게 잘라 넣고 살짝 잠길 정도로만 물을 부어서 전자레인지에 넣어 주세요. 1분 정도 가열한 후 물기를 제거해 주세요.
2 볼에 핫케이크 가루를 담고 차가운 상태의 버터를 사방 1cm 크기로 잘라 넣고 스크레퍼로 핫케이크 가루와 섞으면서 잘게 잘라 주세요.
3 반죽을 손으로 한데 뭉쳐 랩으로 싼 후 냉장고에 넣어 30분 정도 휴지시켜 줍니다.
4 휴지된 반죽을 꺼내서 1.5cm 두께가 되도록 밀어 편 후 모양 틀로 찍어냅니다.
5 모양 틀로 찍어낸 반죽을 팬에 올리고 표면에 우유를 발라 준 후 180~190℃로 예열된 오븐에서 15~20분간 구워 주세요.

잡채

명절이나 잔치에 빠지지 않고 상에 오르는 음식 중 하나가 잡채예요. 보통은 팬에 볶아서 만들지만 오븐을 이용하면 어렵지 않게 맛있는 잡채를 만들 수 있답니다. 손이 많이 가는 음식이라 어머님이 주로 담당하던 음식을, 오븐으로 자신 있게 만들어 대접해 보세요.

당면 50g, 느타리버섯 100g, 새송이버섯 50g, 양파 1/2개, 빨강 · 노랑 피망 1/2개씩

양념 1 간장 1큰술, 설탕 · 다진 마늘 · 깨소금 1작은술씩, 참기름 1/2작은술, 다진 파 1큰술, 후춧가루 약간

양념 2 간장 2큰술, 설탕 · 깨소금 1작은술씩, 참기름 1/2큰술, 후춧가루 약간

1 당면은 따뜻한 물에 부드럽게 불려 주세요.

2 느타리버섯은 끓는 물에 살짝 데친 후 물기를 빼고 손으로 찢어 놓고, 새송이버섯은 모양을 살려 세로로 썰어 주세요.

3 양념 1의 재료를 모두 섞어 양념장을 만들어 버섯에 넣고 섞어 주세요.

4 양파와 빨강 · 노랑 피망은 채 썰어 놓습니다.

5 오븐용 내열 냄비에 양념에 버무린 버섯과 당면, 피망을 넣고 고루 섞어 주세요.

6 양념 2의 재료를 섞어 ⑤에 넣고 골고루 버무려 주세요.

7 냄비에 뚜껑을 덮고 200℃로 예열된 오븐에서 15~20분간 익혀 주세요.

불고기

갈비구이나 찜은 좀 부담스럽다 싶을 때 불고기가 참 만만하죠. 양념만 잘 만들면 크게 손이 가지 않아도 누구에게나 사랑 받는 요리가 되잖아요. 불고기 전문점의 노하우를 담은 맛있는 양념을 살짝 알려 드릴게요.

쇠고기(불고깃감) 500g, 양파 1/2개, 대파 1대, 팽이버섯 · 황금송이버섯 1/2봉지씩

양념 진간장 · 소주 · 콜라 · 맛술 · 시판 배즙 음료 50㎖씩, 양파 1/5개, 통후추 1작은술, 다진 마늘 1큰술, 황설탕 · 꿀 2큰술씩, 참기름 약간, 물 1컵

1 블랜더에 양념 재료를 모두 넣고 갈아 주세요.

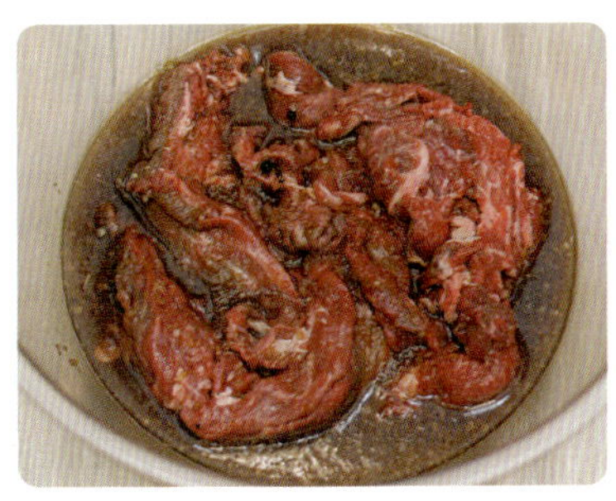

2 큰 볼에 쇠고기를 넣고 블랜더에 간 양념을 넣은 후 반나절 정도 재워 두세요.

3 팽이버섯과 황금송이버섯은 밑동을 자르고 가닥가닥 손으로 떼어 두세요.

4 양파는 굵게 채 썰고 대파는 어슷 썰기 해 주세요.

5 오븐용 석쇠에 재워 두었던 고기를 넓게 펴 올려 주세요.

6 고기 위에 양파와 대파 그리고 버섯을 얹고 190~200℃로 예열된 오븐에 넣어 10분 정도 구운 후 꺼내서 뒤집은 후 5~10분간 더 구워 주세요.

북어포새우 후리가케

북어포 · 보리 새우 25g씩, 말린 미역 25g

1 마른 북어와 말린 미역은 잘게 잘라주세요.
2 북어포와 보리 새우, 미역을 블랜더에 넣고 곱게 갈아주세요.

약식

평소 먹기 위해서 만들기보다는 선물을 드릴 때 주로 만들게 되는 요리예요. 케이크나 쿠키에 익숙하지 않은 어르신들께 만들어 선물하면 받으시는 분들, 감동 제대로 받으신답니다. 자주 만드는 음식이 아니다보니 만들기 전부터 부담이 되지만 재료 준비만 차분히 마치면 그리 어렵지만은 않아요.

찹쌀 320g, 밤 · 대추 8개씩, 잣 1/2큰술, 물 50ml, 황설탕 120g, 흑설탕 40g, 진간장 1큰술, 포도씨유 · 계핏가루 1작은술씩
대추물 대추씨 8개, 물 2+1/2컵

1 찹쌀은 1시간 이상 불려 주세요. 불린 찹쌀을 체에 받쳐서 물기를 완전히 제거해 주세요.

2 껍질 벗긴 밤은 4등분으로 나눠썰고, 대추는 돌려 깎아서 씨를 제거한 후 큼직하게 썰어 주세요.

3 냄비에 대추씨와 물을 넣고 약한 불에서 색이 진해지도록 끓인 후 체에 한번 걸러서 1과 1/2컵 정도의 분량을 준비해 두세요.

대추물을 이용하면 밥에 색깔이 예쁘게 들어 약식이 한결 먹음직스러워져요.

4 오븐용 그릇에 물기 뺀 불린 찹쌀을 넣고 준비된 대추물 1과 1/2컵 분량을 부어준 후 물 50ml를 더 넣고 냄비의 뚜껑을 덮거나 호일로 덮은 후 220℃로 예열된 오븐에서 20~25분간 익혀 주세요.

5 밥을 하는 동안 볼에 황설탕, 흑설탕, 진간장, 포도씨유, 계핏가루를 넣고 고루 섞어주세요.

6 밤, 대추, 잣을 ⑤에 넣고 고루 섞어 주세요.

7 찹쌀밥이 뜨거울 때 ⑥을 넣고 찹쌀밥에 색이 고루 들도록 섞어 주세요.

8 오븐용 그릇에 ⑦을 넣고 220℃로 예열된 오븐에서 25분간 구운 후 오븐을 끈 상태로 10분 정도 두었다가 꺼내 주세요.

바나나미트볼

겉과 속이 다른 게 꼭 나쁜 것만은 아니랍니다. 먹기 전에는 절대 알 수 없지만, 먹어 보면 깜짝 놀라게 되는 요리! 겉과 속이 달라 더 즐거워져요. 영양가 높은 바나나를 품은 미트볼 하나면 메인요리에서 디저트까지 한 번에 해결이에요.

재료 준비

쇠고기(불고기용) 100g, 갈아 놓은 홍두깨살 200g, 다진 양파·밀가루 1큰술씩, 바나나 2개, 볶음용 기름 약간
양념 진간장 1+1/2큰술, 소금 1/2작은술, 설탕·깨소금·다진 마늘·참기름 1작은술씩, 다진 파·꿀 1큰술씩, 후춧가루 약간

1 쇠고기는 블랜더에 넣고 곱게 갈아 주세요.

2 볼에 갈아 놓은 쇠고기와 홍두깨살을 넣고 주물러 섞어 주세요.

3 양파는 잘게 다져서 팬에 기름을 약간 두르고 볶아 주세요.

4 고기에 볶은 양파를 넣고 고루 섞어 주세요.

5 양념 재료를 모두 섞어 ④에 붓고 손으로 주물러 섞어 주세요.

6 바나나 한 개당 3~4cm 길이로 잘라 4등분해 잘라 주세요.

7 접시에 밀가루를 담고 바나나를 굴려서 밀가루를 고루 묻혀 주세요.

8 고기 반죽을 8개로 나누고 손으로 둥글려 만두피처럼 편 후 밀가루 묻힌 바나나를 얹고 고기 반죽으로 감싸 주세요.

9 팬에 반죽을 적당한 간격을 두고 올린 후 200℃로 예열된 오븐에서 20~25분간 구워 주세요.

닭고기파슬리스틱

간식이나 야식으로 닭고기 요리 많이들 사 드시죠? 시원한 맥주에 치킨만큼 잘 어울리는 게 또 있을까 싶어요. 이제 기름을 확 줄여서 담백하게 직접 만들어 볼까요. 오븐에 구워 야식의 부담을 줄였어요. 먹다 남은 치킨파슬리스틱은 여러 가지 야채와 함께 버무려 치킨샐러드로 변신시켜도 좋아요.

닭(가슴살) 2개, 우유 1컵, 허브솔트 약간, 밀가루 2큰술, 달걀 1/2개, 빵가루 · 포도씨유 3큰술씩, 파슬리 1큰술
바질드레싱 올리브유 · 다진 양파 3작은술씩, 레몬즙 · 식초 1작은술씩, 마른 바질 1/4작은술, 소금 · 후춧가루 약간씩

1 닭 가슴살은 길이 모양으로 잘라 주세요.

2 볼에 닭 가슴살을 넣고 우유를 부어 10분 정도 담가 두세요.

3 우유에서 닭 가슴살을 꺼내 마른 행주로 닦은 후 접시에 놓고 허브솔트를 뿌려 잠시 재워 두세요.

4 빵가루에 파슬리를 넣어 잘 섞어 주세요.

5 닭 가슴살에 밀가루→달걀→파슬리 넣은 빵가루 순으로 옷을 입혀 주세요.

6 오븐 팬에 튀김옷을 입힌 닭 가슴살을 얹고 포도씨유를 뿌려서 190~200℃로 예열된 오븐에서 20~25분간 노릇하게 구워 주세요.

7 마른 바질과 곱게 간 양파를 준비해주세요.

8 작은 볼에 드레싱 재료를 모두 담아 섞어 주세요. 구워진 닭 가슴살에 향긋한 바질드레싱을 얹어 주세요.

석류소스스테이크

여성들의 과일 석류! 석류 속엔 에스트로겐 계열의 호르몬이 듬뿍 들어 있어 여성들에게 특히 좋다고 알려져 있는데요, 그뿐 아니라 노인성 치매와 남성의 전립선염 예방에도 효과가 좋다고 해요. 남녀노소 모두 함께 즐기세요.

쇠고기(스테이크용) 400g, 양파 1/2개, 빨간 피망 1개
밑간 양파즙 · 파인애플즙 2큰술씩, 다진 마늘 1큰술
석류소스 석류 1개, 설탕 · 꿀 1큰술씩, 레몬즙 1작은술, 버터 15g, 소금 1/2작은술

1 밑간 재료를 작은 볼에 모두 넣고 섞어 주세요.

2 스테이크용 고기에 섞어 둔 ①을 고루 뿌리고 잠시 재워 두세요.

3 빨간 피망은 씨를 빼고 양파와 함께 모양을 살려 잘라 둡니다.

4 오븐 팬에 양파와 빨간 피망을 얹고 180℃로 예열된 오븐에 넣고 10~15분간 구워 주세요.

5 석류를 반으로 갈라 주세요.

6 빨간 씨가 터지지 않도록 조심조심 꺼내 따로 담아 즙을 짜 주세요.

7 팬에 석류즙과 설탕, 꿀, 레몬즙, 버터, 소금을 넣고 중간 불에서 걸쭉해지도록 끓여 주세요.

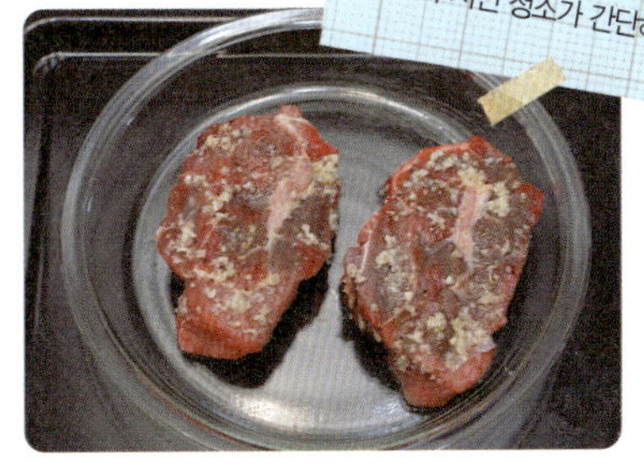

8 오븐용 접시에 밑간에 재워둔 스테이크용 고기를 얹고 오븐 팬에 얹어 주세요.

9 220℃로 예열된 오븐에 넣고 15분간 구워 주세요. 10분 정도 지나면 고기를 뒤집어 주세요. 접시에 구운 양파와 빨간 피망을 깔고 그 위에 구운 고기를 얹은 후 석류소스를 뿌려 주세요.

돼지갈비유자간장조림

결혼하고 첫 집들이를 준비했을 때 의욕에 가득 차 재료를 사다보니 아직 다 사지도 못했는데 돈이 예산을 초과해 버리게 되었어요. 그래도 갈비 없이는 허전할 것 같아 소갈비 대신 준비했던 게 바로 돼지갈비였답니다. 손질을 잘해 조리하면 소갈비 못지않게 착해지는 게 돼지갈비라지요.

돼지갈비(찜용) 500g, 대파 1대, 월계수 잎 2장, 통후추 1/2작은술, 통마늘 5개, 청주 1큰술, 표고버섯 2개, 양송이버섯 3개, 감자 · 당근 1/2개씩

유자 조림장 진간장 2큰술, 조림용 간장 · 유자청 1큰술씩, 참기름 · 다진 마늘 1/2작은술씩, 소금 · 후춧가루 1/4작은술씩

1 찜용 돼지갈비는 찬물에 담가 핏물을 빼주세요.

2 냄비에 물을 넣고 대파, 월계수 잎, 통후추, 통마늘, 청주를 넣고 끓이다가 물이 끓기 시작하면 핏물을 뺀 돼지갈비를 넣어 5분 정도 삶아 주세요.

3 삶아진 돼지갈비를 체에 밭쳐서 물기를 빼 주세요.

4 표고버섯은 기둥 부분을 떼어내고 양송이는 껍질을 벗긴 후 모양을 살려 썰어 주세요.

5 감자와 당근은 큼직하게 잘라 둡니다.

6 오븐에 사용 가능한 냄비에 삶은 갈비와 표고버섯, 양송이버섯, 감자와 당근을 넣고 고루 섞어 주세요.

7 작은 볼에 유자 조림장 재료를 모두 넣고 조림장을 만들어 주세요. 유자 조림장을 ⑥에 붓고 고루 섞어 주세요.

8 냄비에 뚜껑을 덮은 후 200℃로 예열된 오븐에 넣고 20분간 가열해 주세요.

9 20분 후 꺼내서 바닥에 깔린 양념과 다시 고루 섞어준 후 다시 오븐에 넣고 10분간 더 가열해 주세요.

모과청닭날개구이

닭 날개를 먹으면 바람난다는 말이 있죠? 그건 누군가가 맛있는 닭 날개를 혼자 몰래 먹으려고 지어낸 말이 아닐까요? 콜라겐 듬뿍 들어 있는 맛 좋은 닭 날개 먹고 훨훨 날아 보아요! 닭 날개에 들어 있는 콜라겐이 부족하면 피부노화와 골다공증, 관절염, 탈모 등을 일으킨다고 해요. 노화방지에 일등공신이 바로 콜라겐인 거죠.

닭(날개) 8개, 마늘종 50g, 홍고추 1개, 볶음용 기름 약간
절임장 진간장 2큰술, 청주 · 맛술 · 모과청 1큰술씩

1 닭 날개에 어슷하게 칼집을 넣어 주세요.

2 절임장 재료를 모두 넣고 고루 섞어 주세요.

3 닭 날개에 절임장을 고루 바르고 30분 이상 재워 주세요.

4 오븐용 그릇에 양념장에 재워둔 닭 날개를 놓고 양념장을 다시 한 번 발라 주세요.

5 오븐 메뉴를 구이로 설정하고 20분간 구워 주세요.

6 마늘종은 끓는 소금물에 넣고 살짝 데쳐 주세요.

7 홍고추는 어슷 썰어 씨를 빼고, 마늘종을 3~4cm 길이로 잘라서 준비해 주세요.

8 팬에 기름을 약간 두르고 홍고추와 마늘종을 살짝 볶다가 남은 절임장 1작은술을 넣고 고루 섞으면서 볶아 주세요. 볶은 마늘종과 구워진 닭 날개를 함께 담아 냅니다.

청양고추 수제소시지

시판 소시지나 햄에는 각종 첨가물이 들어 있어 아이들 있는 가정에서는 되도록 안 먹이려고 하시더라고
요. 집에서 직접 만들면 입맛에 맞춰 건강한 소시지를 드실 수 있어요. 모양은 시판 소시지와 다를지라도 건
강만은 보장합니다! 이제 엄마가 만든 건강 소시지로 가족의 입맛을 사로잡아 보세요.

갈은 돼지고기 250g, 양파 1/3개, 청양고추 · 홍고추 1개씩, 녹말가루 · 파슬리 1큰술씩
양념장 진간장 · 조림용 맛간장 · 다진 마늘 1큰술씩, 다진 생강 1/2작은술, 꿀 · 허브솔트 1작은술씩

1 작은 볼에 양념장 재료를 모두 넣고 고루 섞어 주세요.

2 볼에 갈아 놓은 돼지고기를 넣고 양념장을 넣어 고루 섞어 주세요.

3 양파와 청양고추, 홍고추는 잘게 다져 주세요.

4 ②에 ③을 넣고 고루 주물러 섞어 주세요.

5 ④에 녹말가루와 파슬리를 넣고 끈기가 생길 때까지 치대 주세요.

6 반죽을 소시지 모양으로 만들어 팬에 얹고 200℃로 예열된 오븐에서 15분 정도 구워 주세요.

버릴 곳 없는 돼지고기, 부위별 용도

등심 등 중앙 부위의 살로 돼지고기 중 가장 맛 좋은 부분이에요. 담홍색으로 육질이 매우 연하고 부드러워요.
커틀렛이나 스테이크, 폭찹 등의 용도로 이용하면 좋아요.
안심 갈비 안쪽에 붙은 가장 연한 부위로 지방이 적고 단백질이 많아요. 수육이나 스테이크 등에 이용합니다.
삼겹살 돼지의 배 부분 중 지방이 가장 많고 지방이 살과 겹겹이 되어 있어요.
주로 구이에 많이 사용하고 기름을 뺀 후 조림에 이용해도 좋아요.
목삼겹 돼지고기의 목 뒤쪽 살을 목삼겹이라고 해요.
지방층이 얇고 살이 두툼해서 담백한 맛을 내므로 구이에 많이 이용해요.
갈비 옆구리 늑골의 첫 번째부터 다섯 번째 부위를 말하며 바비큐나 갈비찜에 주로 이용해요.

김치돈가스덮밥

오븐이 생긴 후로는 튀김이나 구이 등 기름을 많이 사용하는 요리는 오븐을 이용해서 기름의 양을 확 줄여 담백하게 구워서 요리해요. 이제 느끼한 튀김과는 작별할 때랍니다. 한 컵이 넘는 기름에 튀기던 튀김을 오븐에 넣으면 한 스푼의 기름으로도 담백하게 튀길 수 있어요.

돈가스용 등심 3장, 허브솔트 약간, 다진 김치 40g, 녹말 1큰술, 밀가루 · 빵가루 2큰술씩, 달걀 1/2개, 포도씨유 2큰술,
밥 1공기
덮밥 국물 멸치 다시마 국물 1컵, 국간장 · 맛술 · 가쓰오부시 1큰술씩, 소금 약간, 달걀 1/2개

1 돈가스용 등심에 허브솔트를 뿌려서 잠시 재워 두세요.

2 고기의 한쪽 면에 녹말을 뿌려 주세요.

3 잘게 다진 김치를 등심 가운데에 얹어 주세요.

4 김치를 얹은 등심을 돌돌 말아 주세요.

5 밀가루→달걀→빵가루 순서로 고루 묻혀 옷을 입혀 주세요.

6 팬에 튀김옷을 입힌 고기를 얹고 포도씨유를 고루 뿌려 주세요. 210℃로 예열된 오븐에 넣고 20~25분간 구워 주세요.

7 이제 덮밥 국물을 만들어요. 가쓰오부시를 뺀 나머지 재료를 냄비에 넣고 끓이다가 국물이 끓으면 불에서 내린 후 가쓰오부시를 넣고 우려낸 후 체에 걸러 맑은 국물만 담아 주세요.

8 체에 거른 국물을 다시 냄비에 담아 끓이다가 달걀을 풀어 넣고 저으면서 끓여 주세요.

9 그릇에 밥을 담고 구워진 돈가스를 잘라 얹은 후 덮밥 국물을 부어 주세요.

에그미트로프

흔히 손님상에 올리는 고기 요리는 구이나 찜이잖아요. 이런 요리들 속에 평소 보기 드문 미트로프를 준비해
보세요. 손님들의 시선이 바로 집중될 거예요. 한 조각씩 자를 때마다 보이는 달걀을 품은 모양이 귀여워요.

갈아 놓은 돼지고기 · 갈아 놓은 쇠고기 200g씩, 양파 1/2개, 달걀 1개, 우유 100ml, 빵가루 50g, 소금 1/2작은술, 후춧가루 약간

속 재료 달걀 2개, 마늘종 50g

1 우유에 빵가루를 넣고 부드럽게 불려 주세요.

2 속 재료에 들어갈 달걀은 삶아서 껍질을 벗긴 후 2등분해 잘라 주세요.

3 마늘종은 소금물에 살짝 데친 후 잘게 썰고 양파는 곱게 다져 주세요.

4 큰 볼에 다진 쇠고기와 돼지고기를 넣고 우유에 불려 놓은 빵가루, 다진 양파, 달걀, 소금, 후춧가루를 넣고 손으로 끈기가 생기도록 치대 주세요.

5 오븐용 그릇에 버터를 바르거나 종이호일을 깔고 ④의 반죽을 그릇에 1/2 정도만 채우고 평평하게 다듬어 주세요.

6 그 위에 삶아 놓은 달걀을 얹고 마늘종을 사이사이 얹어 주세요.

7 남은 반죽을 위에 얹어 덮어 준 후 편편하게 다듬어 줍니다.

8 오븐 팬에 올리고 180℃로 예열된 오븐에서 15분간 굽다가 위에 호일을 덮은 후 10~15분간 더 구워서 속까지 익혀 주세요.

새우튀김

오동통 살이 오른 새우는 쳐다만 봐도 군침이 돌아요. 복잡한 요리 과정을 거치지 않고 단순히 굽기만 해도 근사한 요리가 되는데요, 튀김옷에 조금만 신경 쓰면 색다른 튀김을 맛보실 수 있어요. 상큼한 파인애플 소스를 곁들여 튀김 요리를 가벼운 느낌으로 즐길 수 있어요.

대하 4마리, 굵은 소금 약간, 청주 1작은술, 밀가루 · 빵가루 2큰술씩, 달걀 1/2개, 믹스씨드 2큰술(호박씨, 해바라기씨 등),
포도씨유 1큰술
파인애플 소스 파인애플 슬라이스 1쪽, 사워크림 2큰술, 마요네즈 · 꿀 1작은술씩, 파인애플즙 1큰술

1 대하는 굵은 소금으로 문질러 흐르는 물에 씻은 후 등쪽의 내장을 제거하고 껍질을 벗겨 주세요.

2 배 안쪽에 칼집을 넣은 후 청주를 뿌려 두세요.

3 빵가루에 믹스씨드를 넣고 고루 섞어 주세요.

4 밀가루→달걀→믹스씨드를 섞은 빵가루 순서로 새우에 옷을 입혀 주세요.

5 팬에 튀김옷을 입힌 새우를 얹고 포도씨유를 뿌려 주세요. 200℃로 예열된 오븐에 넣어 15분간 구워 주세요. 중간에 한 번 정도 뒤집어 줍니다.

6 블랜더에 파인애플 소스 재료를 모두 넣고 곱게 갈아 구운 새우에 얹어 주세요.

새우샐러드

새우튀김 4개, 양상추 1/3개, 파인애플 슬라이스 2쪽, 귤 1개, 통조림 황도 4개
키위드레싱 키위 1개, 파인애플 1/2쪽, 파인애플즙 · 마요네즈 · 꿀 1큰술씩

1 양상추는 깨끗이 씻어 물기를 제거하고 손으로 잘게 뜯어 주세요.
2 파인애플은 한입 크기로 잘라 다른 과일과 함께 준비해 두세요.
3 새우튀김은 적당한 크기로 잘라 주세요.
4 접시에 양상추를 담고 새우와 과일을 올려 주세요.
5 드레싱 재료를 믹서에 넣고 가볍게 갈아 ④에 뿌려 주세요.

연어스테이크

여성들의 적이 바로 기미잖아요. 한 번 생기면 잘 없어지지도 않죠? 연어가 이 기미를 없애는 데 아주 효과
적이라고 해요. 타임지가 선정한 10대 건강식품 중 하나이기도 하고요. 이제 연어 먹고 기미 걱정 날려 버
리세요.

생 연어 200g, 맛술 1큰술, 소금·후춧가루 약간씩, 양파 1/3개, 노랑·빨강 파프리카 1/3개씩, 고추기름 1작은술
매실 타르타르소스 마요네즈 3큰술, 씨겨자 머스터드·다진 매실·다진 양파 1큰술씩, 레몬즙 1/2작은술, 소금 약간

1 연어에 맛술과 소금, 후춧가루를 뿌려서 재워 두세요.

2 양파와 파프리카를 채 썰어서 준비해 두세요.

3 팬에 ②를 넣고 볶아 주다가 고추기름을 넣어 가볍게 볶아 주세요.

4 오븐 팬에 재워 두었던 연어를 올리고 180℃로 예열된 오븐에 넣어 15~20분간 구워 주세요.

5 볼에 매실 타르타르소스 재료를 모두 넣고 잘 섞어 주세요.

6 연어가 구워지면 볶아 놓은 야채를 접시에 담고 그 위에 연어를 얹은 후 매실 타르타르소스를 얹어 주세요.

연어버섯완자

생 연어 150g, 느타리버섯 1줌, 양파 1/3개, 다진 마늘 1큰술, 빵가루 4큰술, 달걀 1개, 포도씨유 2큰술, 소금·후춧가루 약간씩

1 느타리버섯은 소금물에 살짝 데친 후 손으로 찢어 두세요.
2 양파는 큼직하게 썰어 둡니다.
3 블랜더에 생 연어와 느타리버섯, 양파, 다진 마늘을 넣고 곱게 갈아 주세요.
4 볼에 갈아 놓은 반죽을 넣고 빵가루와 달걀, 소금, 후춧가루를 넣어 주세요. 그리고 반죽을 손으로 끈기 있게 치대 주세요.
5 완자 크기로 반죽을 동그랗게 빚어서 오븐 팬에 얹고 포도씨유를 뿌려서 200℃로 예열된 오븐에서 10~15분간 노릇하게 구워 주세요.

바비큐소스삼겹살구이

온 가족 둘러앉아 불판에 지글지글 삼겹살을 굽는 풍경, 생각만해도 화기애애하죠? 그런데 그 연기가 옷과
몸에 배어 버리면 그렇게 즐겁지만은 않아요. 이제 근사한 바비큐소스에 재워서 오븐에 구워 보세요. 냄새
걱정은 끝! 이랍니다. 또 불판에 삼겹살을 구우면 굽는 사람은 제대로 챙겨 먹기 힘들지만 오븐에 구우면 온
가족이 둘러앉아 즐겁게 먹을 수 있어요.

삼겹살 300g, 로즈메리 분말 1큰술, 레드와인 1/2컵, 월계수 잎 4장, 소금·후춧가루 약간씩
바비큐소스 시판 스테이크소스 1/2컵, 토마토케첩 3큰술, 레드와인 1/2컵, 꿀 1큰술, 물엿 2큰술

1 삼겹살에 로즈메리 분말과 소금, 후춧가루를 뿌리고 레드와인을 발라 주세요. 중간 중간 월계수 잎을 얹은 후 30분 이상 재워 두세요.

2 팬에 바비큐소스 재료를 모두 넣고 보글보글 끓여 조려 줍니다.

3 오븐용 팬에 삼겹살을 넣고 바비큐소스를 고루 발라 1시간 정도 재워 둡니다.

4 밑으로 기름이 빠질 수 있도록 구멍이 뚫린 타공 팬이나 오븐용 석쇠에 재워 둔 삼겹살을 얹고 밑에 팬을 하나 더 받쳐 주세요.

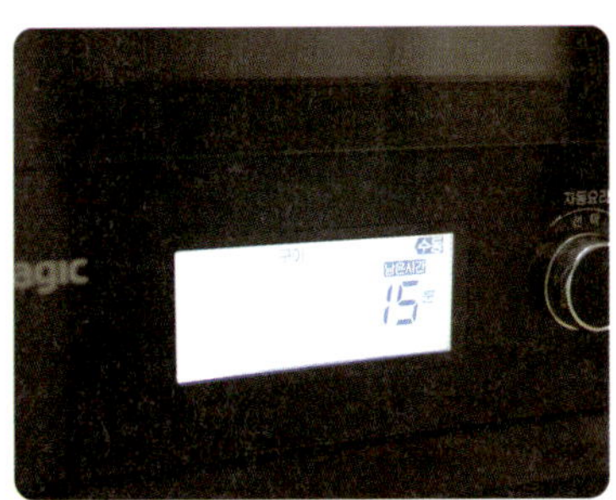

5 오븐의 구이(그릴) 기능으로 15분 정도 구워 주세요. 중간에 한 번 뒤집어 주세요.

삼겹살구이와 곁들이면 좋을 야채생채

부추 1/3단, 적채 잎 3장, 양파 2/3개
양념장 간장 1큰술, 고춧가루·식초·참기름·설탕·깨소금 1/2큰술씩, 레몬즙 1/2작은술

1 부추는 물에 살살 흔들어 씻어 4~5cm 길이로 잘라 주세요.
2 양파와 적채는 곱게 채 썰어 주세요.
3 양념장 분량을 고루 섞어 주세요.
4 볼에 부추와 양파, 적채를 넣고 양념장을 넣어 가볍게 섞어 주세요.
　(부추는 너무 뒤적이면 풋내가 나니까 양념장을 넣고 가볍게 섞어 주세요.)

고구마피자

언제부터인가 고구마 피자가 인기를 얻기 시작했어요. 한 번 맛보고 나니 계속 고구마 피자만 찾게 되더라고요. 이제 오븐을 이용해서 집에서도 고구마 피자를 만들어 봐요! 빵 반죽으로 도우를 만들지 않고 고구마를 통째로 썰어서 만드니 제대로 고구마 맛을 느낄 수 있어요.

고구마(大) 1/2개, 포도씨유 1큰술, 양송이버섯 2개, 모둠 채소(당근, 그린빈, 옥수수, 완두) 30g, 양파 1/4개,
빨강 파프리카 1/2개, 브로콜리 4송이, 냉동 새우 6개, 시판 피자 소스 3큰술, 피자 치즈 1/2컵, 파슬리 1작은술

1 고구마는 껍질째 깨끗하게 씻어서 얇게 썰어 주세요.

2 오븐용 그릇 바닥에 포도씨유를 펴 발라주세요.

3 오븐 그릇에 썰어 놓은 고구마를 살짝 겹치게 돌려 깔고 랩을 씌워 전자레인지에 넣고 2분 정도 가열해서 고구마를 익혀 주세요.

4 양송이는 껍질을 벗겨 모양을 살려 썰고 브로콜리는 끓는 소금물에 살짝 데쳐 주세요. 모둠 채소는 잘게 다져 줍니다.

5 양파와 빨강 파프리카는 모양을 살려 썰고 씨를 빼서 준비해 주세요.

6 냉동 새우는 끓는 물에 살짝만 데친 후 물기를 빼 주세요.

7 고구마 위에 피자 소스를 고루 펴 발라 주세요.

8 피자 소스를 바른 고구마 위에 준비된 토핑 재료를 고루 펴 얹어 주세요.

9 피자 치즈를 고루 뿌리고 그 위에 파슬리를 뿌린 후 220℃로 예열된 오븐에서 15~20분간 구워 주세요.

라면오븐스파게티

요리를 하려고 재료 준비를 하다보면 딱 한 가지 재료가 없는 경우가 있죠? 스파게티를 만들려고 하는데 정작 스파게티 면이 없다면? 당황하지 마세요. 라면만 있다면 근사한 스파게티 한 접시를 뚝딱 만드실 수 있어요. 스파게티는 스파게티 면으로만 만든다는 생각! 오늘부터 바꿔 보세요.

라면 1개, 양파 1/4개, 빨강 피망 1/3개, 모둠 채소(당근, 그린빈, 옥수수, 완두) 30g, 스파게티 소스 · 피자 치즈 3큰술씩,
슬라이스 치즈 1/2장, 볶음용 기름 약간

1 라면은 끓는 물에 살짝만 삶은 후 체에 밭쳐서 물기를 빼 주세요.

2 양파와 빨강 피망, 모둠 채소는 잘게 다져 주세요.

3 팬에 기름을 약간 두르고 양파부터 볶다가 빨강 피망과 모둠 채소를 넣고 함께 볶아 주세요.

4 채소가 익으면 삶아 놓은 라면을 넣고 함께 볶아 주세요.

5 볶은 라면에 스파게티소스를 넣고 뒤적뒤적 잘 섞으면서 가볍게 볶아 주세요.

6 오븐용 그릇에 볶아진 ⑤를 가득 담아 주세요.

7 피자 치즈를 얹고 그 위에 슬라이스 치즈를 잘라 얹어 주세요.

8 오븐팬 가운데에 그릇을 올려 주세요.

9 200℃로 예열된 오븐에서 10분간 피자 치즈가 녹도록 구워 주세요.

김치&고구마토르티야

겨울밤의 낭만은 호호 불면서 껍질을 벗겨 먹는 군고구마에 있죠. 이때 군고구마만 먹기 허전하고 섭섭할 때 제일 잘 어울리는 게 바로 김치죠? 환상적인 궁합의 김치와 고구마의 이국적 만남을 추진해 볼까요? 토르티야의 본고장인 멕시코에 가도 환영 받을 만한 훌륭한 맛이에요.

토리티야 4장, 고구마 1개, 배추김치 100g, 양파 1/3개, 청고추 2개, 피자 치즈 1/2컵, 슬라이스 치즈 1장

1 고구마는 껍질째 씻어서 얇게 썰어 주세요.

2 고구마를 전자레인지용 찜기에 넣어 뚜껑을 덮은 후 1분 30초~2분간 삶아 주세요.

3 냉동해 두었던 토르티야를 꺼내서 기름 두르지 않은 팬에 약한 불에서 앞뒤로 살짝 구워 주세요.

4 김치는 잘게 다지고 양파는 굵게 채 썰고, 청고추는 어슷썰기하여 씨를 빼 주세요.

5 토르티야 위에 채 썬 양파부터 고루 펴 얹어 주세요.

6 양파 위에 김치를 얹고 그 위에 고구마와 청고추를 고루 얹어 주세요.

7 피자 치즈를 고루 얹은 후 슬라이스 치즈를 잘라서 얹어 주세요.

8 토르티야를 덮은 후 180~190℃로 예열된 오븐에서 15분 정도 구워 주세요.

Index: